W0198264

Udo Paulitz

Dampflok-Rhapsodie

Udo Paulitz

Dampflok-Rhapsodie

spezial

Einbandgestaltung: Sven Rauert
Titelbild: Der besonders im Schüler- und Berufsverkehr stark frequentierte und an Werktagen von Hof nach Lichtenfels verkehrende P 2808 verließ Hof Hbf bereits in der Früh um 5.30 h. Am 25. März 1972 war 001 187 die Auserwählte für diese Leistung. Hier rast die Neubaukessellok unter einer sehr fotogenen, für diese Maschinen charakteristischen Dampffahne gegen 7.20 h in voller Fahrt zwischen Burgkunstadt und Hochstadt-Marktzeuln dahin.
Aufnahme: Hans-Jürgen Eggerssstedt

Seite 2: Für westeuropäische Verhältnisse arge Minusgrade mit klirrender Kälte und strahlendem Sonnenschein herrschten am 20. Dezember 1972, als die Neubaukessellok 001 103 im Bahnbetriebswerk Hof von der Bekohlung zum Wasserfassen an den Kran rollte. Die winterlichen Temperaturen, die den Boden zu Eis erstarren ließen, sorgten dafür, dass der weiße Abdampf der Maschine kerzengerade in den Himmel stieg. Bei großer Kälte war es notwendig, im Bereich der Wasserkräne Koksfeuer in Stahlkörben zu unterhalten, um das Einfrieren der Wasserentnahmestellen zu verhindern. Aufnahmen wie diese lassen den beschwerlichen Winterdienst auf Dampflokomotiven erahnen.

Seite 6: Udo Paulitz
Ein Schuppenarbeiter des Bw Gelsenkirchen-Bismarck zieht bei der 044 556 am frühen Nachmittag des 28. Februar 1975 Lösche. Diese überaus schmutzige und staubige Arbeit war bei den Bw-Bediensteten einer jeden Einsatzstelle nicht gerade beliebt; sie musste aber verrichtet werden. Die Verbrennungsrückstände aus der Rauchkammer wurden von dem Schuppenarbeiter in den Löschebansen geworfen. Die 044 556, eine alte Bismarcker Maschine, hatte am 4. Oktober 1971 in Aw Braunschweig ihre letzte L 2, eine Zwischenausbesserung, erhalten und hielt bis zum Dampfende durch. Die Lok wurde am 26. Mai 1977 ausgemustert.

Bildnachweis:
Die zur Illustration dieses Buches verwendeten Aufnahmen stammen – wenn nichts anderes vermerkt ist – vom Verfasser. Eine Haftung des Autors oder des Verlages und seiner Beauftragten für Personen-, Sach- und Vermögensschäden ist ausgeschlossen.

ISBN 978-3-613-71363-5

Spezialausgabe: 1. Auflage 2009

Copyright © by transpress Verlag, Postfach 10 37 43, 70032 Stuttgart.
Ein Unternehmen der Paul Pietsch-Verlage GmbH + Co.

Sie finden uns im Internet unter www.transpress.de

Der Nachdruck, auch einzelner Teile, ist verboten. Das Urheberrecht und sämtliche weiteren Rechte sind dem Verlag vorbehalten. Übersetzung, Speicherung, Vervielfältigung und Verbreitung einschließlich Übernahme auf elektronische Datenträger wie CD-ROM, Bildplatte usw. sowie Einspeicherung in elektronische Medien wie Bildschirmtext, Internet usw. sind ohne vorherige schriftliche Genehmigung des Verlages unzulässig und strafbar.

Lektor: Hartmut Lange
Innengestaltung: Satz & mehr Günl, 74354 Besigheim
Druck und Bindung: Fortuna Print Export, 85101 Bratislava
Printed in Slovak Republic

Inhalt

Vorwort

Ungefähr 40 Jahre ist es her, seit die ältesten Aufnahmen dieses Buches entstanden sind. Zu dieser Zeit dampfte es – wie hier überzeugend demonstriert wird – bei der Deutschen Bundesbahn noch an fast jeder Ecke. Aber der Schein trog. Obwohl zum Ende der 1960er-Jahre in rund 60 Bahnbetriebswerken Dampflokomotiven stationiert waren und knapp 1700 Maschinen 20 verschiedener Baureihen zum Einsatzbestand zählten, gehörten etwa 1300 Exemplare zu den schweren Güterzuglokomotiven. Hierbei überwogen die Baureihen 044 und 050 – 053 bei weitem. Ganz anderes sah es hingegen bei den Personen- oder gar den Schnellzugloks aus, denn von beiden Gruppen zusammen zählten noch gerade einmal 200 Maschinen zum Einsatzbestand. So ist es wenig verwunderlich, dass der Dampfbetrieb im Güterverkehr noch fast 10 %, im Reisezugverkehr aber nur 4 % – darin enthalten 0,6 % Schnellzuglokomotiven – der Triebfahrzeugkilometer erbrachten. Von vielen der 20 unterschiedlichen Baureihen waren nur noch wenige Exemplare vorhanden, die bald als Splittergattungen abgestellt wurden.

Eine größere Zahl bereits abgestellter Maschinen erlebte infolge des plötzlichen Konjunkturfrühlings ab 1969 noch ein kurzes Comeback. Insgesamt verschob die wirtschaftliche Belebung das unwiderrufliche Ende des DB-Dampfbetriebs um einige Jahre nach hinten. Erst im Herbst 1977 kam das endgültige Aus. Ein Glücksfall für die immer zahlreicher werdenden Dampflokfreunde in der Bundesrepublik, die auf diese Weise noch einige abwechslungsreiche Jahre ihres schönen Hobbys in heimischen Gefilden erlebten.

Von dieser Zeit, als auf zahlreichen Strecken der DB tagtäglich ein heute kaum noch vorstellbarer Dampfbetrieb herrschte, handelt dieses Buch. Es enthält eine persönliche Auswahl des Autors der eindrucksvollsten Bilder aus seinen bereits vor einigen Jahren erschienenen und mittlerweile längst vergriffenen Bildbänden »Dampfloks zwischen Harz und Weserbergland«, »Dampfloks im Ruhrgebiet« und »Dampfloks in Franken«. Außerdem fügte er noch zahlreiche Aufnahmen aus seinem Archiv hinzu.

In drei großen Kapiteln zeigt dieser Bildband die Dampflokomotiven im Bahnbetriebswerk sowie in stimmungsvollen Landschaftsaufnahmen im Güterzugdienst und vor Reisezügen. Sowohl in den jedem Kapitel vorangestellten Einführungen als auch in den ausführlichen Bildlegenden erzählt der Autor, der diese Zeit noch selber erleben durfte, viele Insiderinformationen und technische Details, die heute schon fast in Vergessenheit geraten sind.

Diese Dokumentation ist eine nostalgische Fahrt in eine längst vergangene Epoche. Viel Spaß bei dieser Zeitreise wünscht Ihnen

Udo Paulitz   Duisburg, im Januar 2009

Kohle, Wasser und Feuer

Die Dampflok im Bahnbetriebswerk

Typisch für die Dampflokzeit waren die in einem Bahnbetriebswerk, kurz »Bw« genannt, vorhandenen Versorgungseinrichtungen. Denn eine Dampflok musste von Zeit zu Zeit diese Stationen anlaufen, um hier Betriebsstoffvorräte wie Kohle und Wasser ergänzen zu können. Um sie einsatzfähig zu halten, waren an diesen Maschinen in regelmäßigen Anständen Restaurierungs- und Wartungsarbeiten durchzuführen. Mit anderen Worten: Ohne Bahnbetriebswerke war der damalige Eisenbahnbetrieb völlig undenkbar. Aufgrund des relativ geringen Aktionsradius einer Dampflokomotive hatte früher fast jede größere Stadt in Deutschland ein oder gleich mehrere Bahnbetriebswerke. Aber auch an Kreuzungs- und Knotenpunkten bedeutender Strecken entstanden Bahnbetriebswerke, die zumindest die Versorgung der Dampflokomotiven mit Kohlen, Wasser und Schmierölen sicherstellen sollten. Das Bild eines klassischen Dampflok-Bw wurde durch einen oder manchmal auch zwei große Ringlokschuppen geprägt, in deren Mitte sich die Drehscheibe befand. Verschiedentlich übernahmen auch große Rechteckhallen mit einer querlaufenden Schiebebühne diese Funktion. Kleine Dienststellen mussten mit einfacheren Baulichkeiten vorlieb nehmen. Überall gleich aber war der unnachahmliche Geruch nach Kohle, Rauch, Ruß und Öl, der die Atmosphäre dieser Wallfahrtorte der Eisenbahnfreunde prägte. Die Bw-Anlagen und Einrichtungen waren so angelegt, dass die nach der Fahrt hereinkommenden Lokomotiven in einer bestimmten Reihenfolge zügig und ohne zusätzliches Umsetzen behandelt und für die nächste Fahrt wieder ausgerüstet und betriebsbereit gemacht werden konnten. Ebenso waren für ausfahrende Maschinen meist auch spezielle Ausfahrgleise vorhanden, damit sich beide Bereiche nicht gegenseitig behindern konnten.

Hatte die Maschine nach ihrer letzten Leistung das Bw erreicht, wurde sie in der Regel zuerst restauriert, also ihre Kohle- und Wasservorräte ergänzt. Die Abläufe waren fast immer so organisiert, dass mehrere Tätigkeiten gleichzeitig vorgenommen werden konnten. Zu diesem Zweck fuhr die Lok auf den so genannten Kanal, einer unterhalb des Behandlungsgleises befindlichen, ausbetonierten und mit Wasser gefüllten Grube. Hier erfolgte das Ausschlacken der Lokomotive, wobei Rost und Aschkasten von den Verbrennungsrückständen befreit wurden. Bei ölgefeuerten Dampflokomotiven entfiel diese Arbeit selbstverständlich. Die Schlacke fiel in den Schlackensumpf, d.h. in die mit Wasser gefüllte Grube, die von Zeit zu Zeit vom Bekohlungskran geleert werden musste. Während dies geschah wurde der Tender oder Kohlenbunker der Lokomotive mit neuer Kohle befüllt. Dieses erfolgte entweder mit einfachen manuellen Anlagen, bei denen Kohlen mit Körben auf die Lok geladen wurde,

Bereits zur Mitte des 19. Jahrhunderts entstand an der am östlichen Rand des Ruhrgebiets liegenden Stadt Hamm ein bedeutender Eisenbahnknotenpunkt mit angeschlossenen Lokschuppen und Reparaturwerkstätten. Hier waren hauptsächlich Güterzuglokomotiven stationiert. Zu Beginn des Jahres 1969 waren dies noch rund 50 Maschinen, die vornehmlich den Schlepptender-Baureihen 044 und 050 – 053 angehörten. Auf diesem am 3. Februar 1972 entstandenen Bild zeigen sich gleich drei schwere Güterzugloks der Baureihe 044 – es sind die Maschinen 044 673, 044 680 und

044 064 auf den Standgleisen vor dem Rechteckschuppen von ihrer besten Seite. Damals war das Bw Hamm mit 26 Lokomotiven dieser Baureihe eine der Hochburgen der im Eisenbahnerjargon als »Jumbos« bezeichneten schweren Güterzuglokomotiven der DB. Von diesen drei Maschinen stand die 044 673 am längsten unter Dampf: Sie kam am 26. Februar 1973 nach Gelsenkirchen-Bismarck und wurde erst am 30. Oktober 1975 ausgemustert. Die beiden anderen Maschinen beendeten bereits am 12. April 1973 (044 680) und am 24. August 1973 (044 064) ihre Laufbahn.

mit Förderbändern oder Krananlagen verschiedener Ausführung bis hin zu großen Hochbunkern mit Wiegeeinrichtung. Ende der 1960er-Jahre, zu Zeiten des bereits stark reduzierten Dampfbetriebs, gehörten Hochbunker in den Bahnbetriebswerken der Bundesbahn allerdings schon zu den selteneren Erscheinungen. Die Menge der ausgegebenen Kohle wurde aufgezeichnet und – zumindest noch bis in die frühen 1960er-Jahre – aus diesen Werten Kohleprämien ermittelt, die denjenigen Lokpersonalen mit einem besonders sparsamen Verbauch zu Gute kamen.

Stand beispielsweise ein weiterer Bw-Arbeiter zur Verfügung, konnte er bereits während der Bekohlung die Lösche von Hand aus der Rauchkammer schaufeln. Bei der Lösche handelte es sich um Rußpartikel, die während der Fahrt von den Rauchgasen mitgerissenen wurden und am Funkenfänger abgeprallt waren. Das so genannte »Lösche ziehen« war, genauso wie das der Reinigung der Heiz- und Rauchrohre dienende Ausblasen, eine äußerst schmutzige und beim Schuppenpersonal entsprechend unbeliebte Arbeit.

Während dieser Arbeiten bestand in vielen Betriebswerken gleichzeitig die Möglichkeit, aus schwenkbaren Kränen die Wasservorräte zu ergänzen. In den meisten Fällen war das gewöhnliche Wasser wegen seines Gehalts an kalksteinbildenden Sedimenten für die Verdampfung in Lokkesseln nicht sonderlich geeignet. Damit sich Kesselsteinablagerungen im Stehkessel sowie an den Heiz- und Rauchrohren in Grenzen hielten, musste im Rahmen der inneren Speisewasseraufbreitung diesem Enthärtungsmittel – meist war es das Soda-Nalcopulver – beigegeben werden.

Waren diese Arbeiten abgeschlossen, wurde der Sandvorrat der Lok ergänzt. Dies war eine sehr wichtige Tätigkeit, war doch Streusand beim Anfahren, Bremsen, auf Steigungsstrecken und bei ungünstiger Witterung auf nassen, schmierigen Schienen zur Erhöhung des Reibungswiderstandes der Treib- und Kuppelräder unerlässlich. Größere Betriebswerke verfügten über einen Hochbehälter mit Trocknungsanlage, denn trockener Sand war die wichtigste Voraussetzung. Deshalb befand sich der Vorratsbehälter, der Sanddom, auf dem Kesselscheitel der Lok. Zwischendurch hatte der Heizer alle Schmierstellen zu ölen, wobei bei mehrzylindrigen Lokomotiven die Innentriebwerke nicht vergessen werden durften. Außerdem war er für die Anlage des Ruhefeuers und für das Abspritzen von Rauchkammerbereich und Aschkasten mit dem Wasserschlauch zuständig. Der Lokführer kontrollierte indessen Rahmen, Lauf- und Triebwerk und die Bremsen. Nach Abschluss dieser Arbeiten wurde die Maschine mit aufgebautem Ruhefeuer bis zur nächsten Leistung auf einem Standgleis abgestellt. Waren hingegen Wartungs-, Pflege-, Reinigungs- oder leichtere Reparaturarbeiten notwendig, kam die Lok auf besondere Stände in den Schuppen. Zu diesen Fristarbeiten gehörte auch das ein- bis zweimal im Monat notwendige Auswaschen des Kessels.

Die den Betriebswerken angeschlossenen Werkstätten mit Schmiede, Schweißerei und Schreinerei, waren in der Lage, Fristarbeiten und kleinere bis mittelschwere Reparaturen an den Lokomotiven auszuführen. Zur Beseitigung umfangreicher Reparaturen oder Untersuchungen mussten die Maschinen in ihr jeweils zuständiges Ausbesserungswerk (Aw) überführt werden. Hingegen gehörten der Steuerungs- und Treibstangenausbau, die Untersuchung der Kolbenschieber, das Ausgießen von Lagern und Achsen sowie der Radsatzausbau zu den täglichen Arbeiten des Werkstattdienstes eines Bw.

Aus den zuvor aufgezählten vielfältigen Tätigkeiten bei der Lokbehandlung wird deutlich, dass nicht nur Lokführer und Heizer für die Aufrechterhaltung des Bahnbetriebs notwendig waren. Meist unbekannt blieben die vielen Lokschlosser, Drehscheibenwärter, Lokputzer, Schuppenheizer und Ausschlacker, ohne deren Wirken im Hintergrund keine Lokomotive gefahren wäre. Nicht zu vergessen ist die Lokleitung, die den Dienst der Lokpersonale und den Lokumlauf verantwortlich zu organisieren und zu überwachen hatte. Diese vielschichtige Tätigkeit verlangte eine gehörige Portion an Übersicht und Organisationstalent.

Selbst noch in den frühen 1970er-Jahren, als sich die Dampflokzeit bei der Bundesbahn bereits rapide dem Ende zuneigte, war ein flächendeckendes Netz dieser Dienststellen vorhanden. Erst die komplette Einstellung der Zugförderung mit Dampflokomotiven führte nicht nur zu einem grundlegenden Wandel der technischen Einrichtungen, sondern auch zu einer ganz erheblichen Reduzierung der Zahl der Bahnbetriebswerke selbst. Wassertürme, Kohlebansen, Wasserkräne und all die anderen dampfloktypischen Elemente gehörten nun der Vergangenheit an. Dabei wurde umso mehr offenbar, wie umfangreich und aufwändig doch das ganze Einrichtungsrepertoire war, das einst ausschließlich für den Dampfbetrieb vorgehalten werden musste. Viele Dienststellen konnten nun aufgelöst werden, denn Diesel- und E-Loks ließen wesentlich längere Umläufe zu und machten das vormals so dichte Netz der Lokstationen entbehrlich.

Am Nachmittag des 17. Juli 1972 stand die 001 180 unter dem noch aus der Reichsbahnzeit stammenden Wiegebunker, der mächtigen Großbekohlungsanlage des Bahnbetriebswerks Hof. Die Neubaukesselmaschine war um 15:15 Uhr mit dem E 659 aus Bamberg hereingekommen und wird gerade, wie es in der Eisenbahnersprache heißt, restauriert. Gemäß der gut lesbaren Aufschrift auf der Pufferbohle hatte die Lokomotive am 15. April 1969 ihre letzte L 2-Zwischenuntersuchung im Ausbesserungswerk (Aw) Lingen erhalten. Damit gehörte sie zu denjenigen Maschinen, die infolge der Ende der 1960er-Jahre kurzzeitig stärker werdenden Konjunktur in den Genuss dieser lebensverlängernden Untersuchung kamen.

Im Gegensatz zur Baureihe 01 – wohl jedem Eisenbahnfreund als »die« deutsche Schnellzugdampflok schlechthin ein Begriff – ist die Vierzylinder-Verbund-Variante 02 wesentlich weniger geläufig. Ihr Bau wurde zwar gegen den Widerstand der mehrheitlich der einfacheren Zweizylinderbauweise zugeneigten Verantwortlichen zu Vergleichszwecken durchgesetzt, aber ihre konstruktive Ausführung war so unglücklich gewählt, dass der Sieg der Zwillingsvariante von vornherein feststand. In den Jahren 1925/26 entstanden jeweils zehn Maschinen, wobei sich der Heißdampf-Zwilling seiner vierzylindrigen Verbundschwester in vielen Punkten überlegen zeigte. Damit schien die Überlegenheit der einstufigen Dampfdehnung hinlänglich bewiesen und es stand fest, dass keine weiteren 02er mehr beschafft zu werden brauchten. Alle 02-Lokomotiven wurden im Jahr 1929 beim Bw Hof konzentriert und ab 1937, jeweils nach Fristablauf, erfolgte ihr Umbau in Zweizylinderloks. Dazu gehörte auch die 01 234, die ehemalige 02 003, die mit kurzen Unterbrechungen seit dem 17. September 1938 dem Bw Hof angehörte und über 40 Jahre lang auf den von diesem Bw bedienten Strecken im Einsatz stand. Während die übrigen ehemaligen 02-Maschinen zwischen 1962 und 1968 ausgemustert wurden, machte die 01 234 noch die Umzeichnung auf das EDV-Nummernsystem im Jahr 1968 bei der DB mit und hielt sich bis 1972 im Dienst. Sie wurde am 5. Juni 1972 z-gestellt, am 8. November desselben Jahres ausgemustert und anschließend im DB-Ausbesserungswerk Braunschweig zerlegt. Hier sehen wir 01 234 am 22. Juni 1967 im Bw Stuttgart Hbf zu einer Zeit, als Hofer Maschinen noch die Relation zwischen Stuttgart und Nürnberg befuhren. Nur drei Monate später ging auch dieser Streckenabschnitt an die moderne Konkurrenz verloren.

Frontalansicht der Lokomotive 001 234, aufgenommen am 14. Mai 1970 im Bw Hof: Die Maschine wurde ursprünglich als Heißdampf-Vierzylinder-Verbundlok 02 003 im Jahr 1925 unter der Fabrik-Nummer 20462 von Henschel & Sohn in Kassel an die Deutsche Reichsbahn-Gesellschaft geliefert und noch im gleichen Jahr dem Bw Erfurt P zugeteilt. 1929 gelangte sie zum Bw Hof und wurde im Jahr 1938 im Reichsbahn-Ausbesserungswerk Meiningen in eine Zweizylinderlok der Baureihe 01 umgebaut. Seit dem 17. September 1938 war sie nahezu ununterbrochen bis zur Ausmusterung am 8. November 1972 beim Bw Hof beheimatet. Während ihres über 34-jährigen Lebens als 01 (ab 1968: 001 234) war die Lokomotive manchen Änderungen unterworfen: So verschwanden Anfang der 50er-Jahre die großen Wagner-Windleitbleche zugunsten der kleineren, aber ebenso wirkungsvollen Witte-Bleche, und der Tender 2'2' T 32 wurde gegen einen größeren der Bauart 2'2' T 34 ausgetauscht. Außerdem baute man auch die Frontschürze ab.

Zur Dampflokzeit war die Drehscheibe nicht nur der zentrale Mittelpunkt eines Bahnbetriebswerks, sondern bot gerade auch den Eisenbahnfotografen vielfältige Möglichkeiten, ihre Stars der Schiene in aller Ruhe und von allen Seiten abzulichten. Das Bw Hof besaß als Zufahrt zum Lokschuppen 1 und zu den Standgleisen eine 23-m-Drehscheibe der Einheitsbauart. Darauf steht am 14. August 1969 Neubaukessellok 001 211. Den Hintergrund bildet das markante Verwaltungsgebäude. Die Lokomotive wurde am

21. April 1973 – noch vor dem Ende des Winterfahrplans 1972/73 – z-gestellt. Am Stichtag 31. Dezember 1969 umfasste der Gesamtbestand der DB an Schnellzugloks der Baureihe 001 noch 31 Maschinen. Die Mehrzahl davon war im Bw Hof, das als Auslauf-Bw für diese Baureihe fungierte, beheimatet. Die wenigen noch für kurze Zeit überwiegend als Reserveloks in Braunschweig, Paderborn und Ehrang befindlichen Maschinen wurden ebenfalls schon bald nach Hof umstationiert.

An dem frostig-kalten Morgen des 20. Dezember 1972 befand sich die aus dem Bw Hof kommende, frisch restaurierte 001 088 im Bahnhofsbereich auf Leerfahrt, um auf diese Weise an ihren Eilzug E 1648 nach Bamberg zu gelangen. Die Morgensonne und der mit Raureif überzogene, gefrorene Boden boten vollendete Fotobedingungen für die in weißen Dampf gehüllt herannahende Lokomotive.

Winterdienst im Bw Hof im Dezember 1972: Wasserneh-men und Inspektionsarbeiten an den Lokomotiven 050 596 (Bild oben) und 001 202. Letztere wird in der unteren Aufnahme gleichzeitig entschlackt. Im Rahmen der Abrüstarbeiten hatte sich das Lokpersonal von dem tech-nisch ordnungsgemäßen Zustand ihrer Maschine zu über-zeugen. Dazu gehörte z.B. auch die optische Prüfung von Achsen, Stangen, Radreifen und Lagern auf mögliche An-brüche oder Heißläufer sowie die Versorgung sämtlicher Schmierstellen wie Achslager und Gleitbahnen mit frischem Öl. Lokführer und Heizer teilten sich diese Arbeiten, für die Ölkanne, Fettpresse, Hammer und Schraubenschlüssel zu den wichtigsten Utensilien zählten. Dass diese Tätigkeiten bei minus 12 Grad Frost, wie an diesem Tag, nicht immer ein Vergnügen waren, lässt sich besonders am Meister der 001 202 ersehen, der seine Inspektion im Mantel mit hoch-gezogenem Kragen durchführt. Der Heizer untersucht der-weil die Speisepumpe.

Als mit Beginn des Winterfahrplans 1968/69 die Elektrifizierungslücke zwischen Osnabrück, Bremen und Hamburg geschlossen wurde, endete von einem Tag auf den anderen der Einsatz für die Schnellzugloks der Baureihe 01[10] auf dieser auch als »Rollbahn« bekannten Fernstrecke. Zum Jahresbeginn 1970 standen noch insgesamt 38 Lokomotiven, davon 30 ölgefeuerte 012, in Diensten der DB. Diese verteilten sich hauptsächlich auf die Bahnbetriebswerke Hamburg-Altona und Rheine. Nachdem zum Winterfahrplan 1972/73 der Planeinsatz der letzten Vertreter dieser ehemaligen Star-Lokomotiven im DB-Schnellzugdienst beim Bw Hamburg-Altona endete, wurden die letzten verbliebenen Maschinen zum Bw Rheine umgesetzt. Damit war im Herbst 1972 der gesamte bei der DB noch vorhandene Bestand von 20 Lokomotiven dieser Baureihe in Rheine zusammengezogen. Diese Dienststelle wurde gleichzeitig auch zum Auslauf-Bw erkoren. Auf der Emslandstrecke zwischen den Bahnhöfen Rheine und Norddeich-Mole absolvierten diese Maschinen ihre letzten Einsätze. Zum 1. Juni 1975 beendeten schließlich die letzten sechs Lokomotiven ihre Planeinsätze bei der DB. Es waren gleichzeitig die allerletzten von einer westeuropäischen Bahnverwaltung planmäßig eingesetzten Dampfschnellzuglokomotiven, die damit abgestellt wurden. Diese Aufnahme zeigt die von der Morgensonne des 31. August 1974 angestrahlte Frontpartie der Lok 012 063 im Bw Emden. Diese Dienststelle fungierte auch als Personal-Einsatz-Bw für die großen Schnellzugmaschinen.

Die seit dem 25. September 1968 im Bw Hamburg-Altona beheimatete 012 071, die sich auch noch äußerlich in einem guten Pflegezustand befindet, fährt an einem Apriltag des Jahres 1969 langsam auf die Drehscheibe ihres Heimat-Bw. Diese leistungsstarken Maschinen trugen bis zum Ende des Sommerfahrplans 1972 die Hauptlast bei der Bespannung der schweren Reisezüge nach Westerland auf Sylt. 012 071 – eine ehemalige Osnabrücker Lokomotive – wurde am 26. Oktober 1972 an das Bw Rheine abgegeben. Am 12. Mai 1973 erfolgte die z-Stellung der Maschine wegen Erreichens der Laufkilometergrenze, zumal die zur Verlängerung erforderliche Zwischenuntersuchung L 2 aus Kostengründen abgelehnt wurde. Daher musste sie am 14. August 1973 Abschied von der Schiene nehmen.

Von den während der 1930er-Jahre entstandenen 298 leichten Einheits-Schnellzugloks der Baureihe 003 waren am 31. Dezember 1969 bei der DB noch ganze 14 Exemplare vorhanden. Diese Loks waren fast ausschließlich in ihrem Auslauf-Bw Ulm zusammengezogen und verrichteten auf den dortigen Strecken überwiegend untergeordnete Reisezugdienste. Mit ihren Eil- und Personenzügen kamen sie beispielsweise noch bis Würzburg, Heilbronn und Friedrichshafen. Bereits im September 1971 endete für die Baureihe 003 der reguläre Plandienst. Ein Jahr später waren die letzten Maschinen ausgemustert. Hier ist 003 268 im Sommer 1970 unter der Großbekohlungsanlage ihres Heimat-Bw zu sehen.

Die Lokomotiven der Baureihe 023 gehörten zum Neubaulok-Programm der Bundesbahn. Das erste Exemplar dieser Personenzuglokomotive wurde 1950 von Henschel & Sohn in Kassel geliefert. Die bis 1959 in insgesamt 105 Einheiten hergestellten Maschinen besaßen vollständig geschweißte Verbrennungskammerkessel, Heißdampfregler und ein geschlossenes Führerhaus für höhere Geschwindigkeiten bei Rückwärtsfahrt. Die Loks waren ursprünglich als Ersatz für die in die Jahre gekommene P 8 (Baureihe 038) gedacht und wurden anfänglich nicht nur im schweren Personenzug-, sondern auch im leichten Schnellzugdienst eingesetzt. Zum Jahreswechsel 1969/70 waren noch 93 Maschinen vorhanden,

die sich auf sechs Betriebswerke verteilten. Zwei Jahre später war der Unterhaltungsbestand auf 76 Lokomotiven in den Bahnbetriebswerken Saarbrücken, Kaiserslautern und Crailsheim geschrumpft. Die letztere Dienststelle wurde zum Auslauf-Bw für diese Baureihe. Ende 1975 wurden die letzten drei Maschinen ausgemustert. So überlebten die modernen 023 die alten Preußenloks P 8 nur um rund eineinhalb Jahre. Auf diesem Bild präsentiert sich die äußerlich kaum noch gepflegt wirkende 023 050 im Juni 1973 vor dem verrußten Lokschuppen der Bw-Außenstelle Lauda dem Fotografen. Die von Krupp gelieferte und am 9. Oktober 1954 in Dienst gestellte Lokomotive wurde am 5. Dezember 1974 ausgemustert.

Von den einstmals fast 3500 in den Jahren zwischen 1906 und 1923 an die Preußische Staatsbahn und die Deutsche Reichsbahn-Gesellschaft (DRG) gelieferten Lokomotiven der Gattung P 8 waren nach Kriegsende bei der DB noch rund 1250, bei der DR hingegen knapp 600 Exemplare vorhanden. Auch in den folgenden Jahrzehnten konnten beide Bahnverwaltungen auf dieses zuverlässige und universell einsetzbare Arbeitspferd nicht verzichten. Erst in den 1960er-Jahren wurde die Baureihe 38^{10} und spätere

038 von der Ausmusterungswelle erfasst. Zum Jahresbeginn 1970 waren bei der DB noch ganze 26 Maschinen übrig geblieben, die sich auf die Bahnbetriebswerke Heilbronn, Tübingen und Rottweil verteilten. Hartnäckig behaupteten sich ab Sommer 1972 drei P 8 des Bw Rottweil auf den Strecken um Horb, Freudenstadt und Hausach teilweise noch bis Ende des Jahres 1974. Hier präsentiert sich die 038 650 im Mai 1971 auf dem Gelände der Bw-Außenstelle Freudenstadt dem Fotografen.

Zu Beginn der 1970er-Jahre galt das zur Bundesbahndirektion (BD) Stuttgart zählende Bw Tübingen zu den Geheimtipps in puncto Stationierung und Typenvielfalt von Dampflokomotiven. In diesem Bw waren die Baureihen 038, 064 und auch die damals noch allgegenwärtige Baureihe 050 – 053 stationiert. So betrug der Einsatzbestand per 1. Januar 1970 noch folgende Stückzahlen der Baureihen: 038 – 15, 050-053 – 8 und 064 – 5. Dabei waren fast alle

P 8 mit ihrem ursprünglichen Tender 2'2' T 21,5 gekoppelt. Diese Loks bespannten in einem zehntägigen Umlaufplan zahlreiche Eil- und Personenzüge nach Sigmaringen, Sindelfingen, Aulendorf, Horb, Rottweil und Offenburg. Nach Tübingen selbst kamen täglich 078er aus Rottweil mit Personenzügen herein. Immerhin gelang es dem Fotografen im Mai 1970, die drei in Tübingen beheimateten Baureihen auf einem Bild zu verewigen.

Die zwischen 1936 und 1941 in insgesamt 366 Exemplaren beschafften Mehrzwecklokomotiven der Baureihe 41 waren aufgrund ihrer Höchstgeschwindigkeit von 90 km/h aus den hochwertigen Güterzugleistungen nicht wegzudenken. Mit diesen verhältnismäßig schnellen Maschinen hatte man eine Universallokomotive zur Hand, die sich auch für den Reisezugdienst eignete. Etwa 220 Loks blieben nach 1945 bei der DB, von denen man 103 Exemplare mit neuen Hochleistungskesseln ausrüstete und davon wiederum 40 Maschinen auf Ölhauptfeuerung umbaute. Die besonders leistungsstarke ölgefeuerte Variante wurde bis zum Winterfahrplan des Jahres 1968/69 auf der so genannten »Rollbahn« zwischen Hamburg und Osnabrück eingesetzt. Anschließend wurden alle 36 noch einsatzfähigen und nun unter der Bezeichnung 042 eingeordneten Maschinen zum Bw Rheine umstationiert. Hier fanden die Lokomotiven ein reiches Betätigungsfeld, sei es auf der Strecke Münster – Emden, bis Osnabrück und

Löhne, nach Oldenzaal in den Niederlanden und ins Ruhrgebiet. Da man auf diese Loks noch nicht verzichten konnte, wurden sie vollständig unterhalten und der Einsatzbestand in den ersten Jahren kaum verringert. Im Reisezugdienst fuhren die 042 anfangs überwiegend Personenzüge, aber auch Sonderleistungen, vor allem während des Sommersaisonverkehrs. Der schlechte Unterhaltungszustand der Baureihe 012 brachte es mit sich, dass die 042 ab 1973 immer häufiger für defekte Schnellzugmaschinen in die Bresche springen musste. Als am 30. Mai 1976 der elektrische Betrieb zwischen Oldenzaal und Löhne aufgenommen wurde, kam das Ende der Planeinsätze für diese Baureihe. Die restlichen Maschinen erbrachten nur noch Sonderleistungen. Die 042 113 war die letzte DB-Lok, die im Oktober 1977 abgestellt wurde. Auf diesem Foto, das am 23. März 1975 entstand, sind die Maschinen 042 226 und 042 320 allerdings noch aktiv.

Einträchtig stehen 044 652 und 044 216 am 10. April 1976 bei schönster Frühlingssonne vor dem 16-ständigen Rundschuppen des Bw Gelsenkirchen-Bismarck. Trotz des nahen Endes der Dampftraktion befinden sich diese beiden Jumbos äußerlich in einem recht ansprechenden Pflegezustand. Während die 044 652 bereits wenige Monate später, am 30. September 1976, ausgemustert wurde, schlug für ihre Schwestermaschine erst am 26. Mai 1977 die letzte Stunde. Mit immerhin noch 267 rostgefeuerten schweren Güterzuglokomotiven der Baureihe 044, zu denen weitere 30 ölgefeuerte Maschinen der Baureihe 043 hinzugezählt werden müssen, repräsentierten diese starken Dreischläger Anfang des Jahres 1970 die nach der Baureihe 050 – 053 am zahlreichsten bei der DB vertretene Dampflok-Baureihe.

Aufnahme: Egon Pempelforth

25

Auf den Abstellgleisen des Bw Bismarck räucherten am 7. April 1973 die 044 652, 044 424 und 044 701 friedlich vor sich hin. Nur die 044 424 blieb bis zum Ausmusterungstermin für die letzten Bismarcker 44er am 26. Mai 1977 im Betriebspark. Am linken Bildrand ist ein alter, schon stark mitgenommener Güterwagenkasten zu sehen, der offenbar als Lagerschuppen diente. Das Bild überragt der auf einem Stahlgerüst erbaute Wasserturm der Bauart Klönne. Heute sucht man dieses Bauwerk vergeblich, denn im Juli 1978 wurde dieses Relikt aus der Epoche der Dampflokomotiven ein Opfer der Schneidbrenner.
Aufnahme: Wolf-Dietmar Loos

Im Februar 1977 präsentierte sich die mit geputzten Kesselringen, Pufferteller-Warnanstrich und frischer Farbe speziell für die bevorstehenden Sonder- und Abschiedsfahrten optisch ein wenig aufgemöbelte 044 508 dem Fotografen vor dem Rundschuppen des Bw Gelsenkirchen-Bismarck. Die 044 508 gehörte vom September 1966 bis zu ihrer z-Stellung am 25. Mai 1977 zum Bismarcker Bestand. Diese Maschine zierte die bei Eisenbahnfotografen so beliebte, bei Arbeiten an Schiebern und Stopfbüchsen aber recht hinderliche, schräg heruntergezogene Frontschürze.

Am 3. Mai 1975 entstand dieses beeindruckende Portrait der dreizylindrigen Güterzuglokomotive 044 331, der ehemaligen 44 1331. Diese Maschine wurde erst nach Aufnahme des elektrischen Betriebes auf der Moselstrecke Koblenz–Trier im Bw Ehrang überflüssig und am 14. Januar 1974 nach Gelsenkirchen-Bismarck abgegeben. Die z-Stellung dieser Maschine erfolgte am 25. November 1975 und am 30. Dezember des gleichen Jahres stand mit der Ausmusterungsverfügung ihr Weg zum Schrottplatz nichts mehr im Wege.

Ebenfalls am 3. Mai 1975 entstand diese Aufnahme, bei der zwei am Rande der Bismarcker Drehscheibe stehende 44er, u.a. 044 403, als Vordergrund für eine kleine Lokparade mit 044 203, 044 122 und 044 556 dienten. Zu jener Zeit herrschte noch Hochbetrieb in Gelsenkirchen-Bismarck. Erst der Fahrplanwechsel gut drei Wochen beendete den Plandienst dieser Baureihe. Allerdings blieben bis zum Ende noch zahlreiche Sonderleistungen zu fahren.

Nachdem am frühen Nachmittag des 3. Mai 1975 gerade ein frühlingshafter Regenschauer vorübergezogen ist, verbreiten die Sonnenstrahlen eine überaus stimmungsvolle Atmosphäre über dem Bw Gelsenkirchen-Bismarck. Während sich die als Verladebrücke mit Greiferdrehkran und Wiegebunker ausgebildete Großbekohlungsanlage fast als Schattenriss gegen den dunklen Himmel abhebt, glänzen die Kessel der 044 331 und 044 332 – beide kamen aus Ehrang ins Ruhrgebiet – in der Sonne. Während die 044 331, wie bereits geschildert, in ihrer neuen Heimat noch in Fahrt kam, wurde ihre am 8. Januar 1974 umbeheimatete Schwesterlokomotive auf Grund des schlechten Zustandes bereits am 10. Januar 1974 z-gestellt und schließlich am 9. Juni des gleichen Jahres ausgemustert. Im Vordergrund ist das Schrottlager zu sehen.

Diese Aufnahme vom 2. Oktober 1975 zeigt die beeindruckende Großbekohlungsanlage des Bw Gelsenkirchen-Bismarck noch einmal in der Gesamtansicht. Hier wird die 044 384, eine am 8. Januar 1974 vom Bw Ehrang gekommene Maschine, gerade aus einer der beiden Bunkertaschen mit neuen Kohlen versorgt. In einem Groß-Bw wie Bismarck mussten stets mehrere Maschinen in rascher Folge bekohlt werden können. Bei der Größe der Anlage kann man sich gut vorstellen, dass täglich durchaus 300 t Kohle für die rund um die Uhr zu versorgenden Lokomotiven benötigt wurden. Der Greiferdrehkran hatte neben der regelmäßigen Auffüllung des Kohlenbansens aus offenen Güterwagen auch die Aufgabe, von Zeit zu Zeit den Schlackensumpf zu leeren und die Vorräte der Besandungsanlage zu ergänzen. Da der aufgefüllte Großraumbunker den kompletten Kohlebedarf für eine Nachtschicht aufnahm, war eine Kosteneinsparung durch Fortfall der Nachtschicht des Kranführers gegeben.
Aufnahme: Jürgen Mielke

Das Löscheziehen bei der 044 143 in einer seitlichen Ansicht mit Blick auf den linken Zylinder, Windleitblech und die geöffnete Rauchkammertür. Gerade fällt eine weitere Ladung Verbrennungsrückstände in die offene Grube. Aufgenommen am Nachmittag des 28. Februar 1975.

Nachdem die Kohlevorräte der 044 143 aufgefüllt worden waren, konnte die Maschine einige Meter zum Löscheziehen vorfahren. Hier schaufelt der Schuppenarbeiter die zwecks Staubminderung genässte Lösche aus der geöffneten Rauchkammer in die ungesicherte Löschegrube. Diese schmutzigen und zudem schlecht bezahlten Arbeiten wurde zum Ende der Dampflokzeit häufig von Gastarbeitern verrichtet.

Auch in den letzten Wochen des Dampfbetriebes sorgten Rauch und Ruß im Rundschuppen des Bw Gelsenkirchen-Bismarck für die unvergleichliche, leider nicht konservierbare Dampflokatmosphäre. An einem Apriltag 1977 standen die 044 508 und 044 434 neben weiteren Maschinen unter Dampf unter den Rauchabzügen im Rundhaus. Die Rauchabzüge dienten einerseits dazu, um die Qualmbelästigung im Inneren des Schuppens und für die hier tätigen weitgehend zu reduzieren, andererseits um dem aggressiven Einwirken von Wasserdampf und schwefelhaltigem Rauch auf das Dachgestühl und dem vorzeitigem Altern des Gebäudes vorzubeugen. Aufnahme: Hilmar Glinski

Dieser Anfang September 1975 entstandene Schnappschuss zeigt die 044 385 während des Bekohlens im Bw Bismarck. Aufmerksam beobachtet der Heizer die aus der Bunkertasche des Wiegebunkers in den Tender herabfallende Kohle, die der Schuppenmann gleichzeitig auf dem Tender verteilt. Auf diesem Bild sind die Wiegeanzeigen der Anlage – über die einzelnen Verbräuche der Lokomotiven wurde exakt Buch geführt und früher gab es für sparsame Personale Kohleprämien – gut zu erkennen. War der Tender gefüllt, reinigte der Heizer Fußtritte, Laufbleche und Tender von nicht in den Kohlenkasten gefallenen Brocken. Die 044 385 gelangte erst am 14. Januar 1974 vom Bw Ehrang nach Bismarck, wurde aber bereits am 11. September 1975, wenige Tage nach dem Entstehen dieser Aufnahme, z-gestellt und am 30. Oktober 1975 ausgemustert. Aufnahme: Ulrich Winterhoff

Aus Rationalisierungsgründen konzentrierte die Bundesbahn-Direktion (BD) Hannover gegen Ende der 1960er-Jahre die Dampflokunterhaltung auf wenige Dienststellen in ihrem Bezirk. Dabei zog man wenige Baureihen in möglichst großen Stückzahlen in einem Bahnbetriebswerk zusammen. So gelangte eine immer größere Zahl der schweren Güterzugloks der Baureihe 044 in das traditionsreiche Bw Ottbergen. Mit 45 Fahrzeugen wurde 1973 der Höchststand erreicht. Die Lokomotiven waren in einen 22-tägigen Umlauf auf nahezu allen nicht elektrifizierten Strecken des BD-Bereichs eingebunden. So herrschte auf den Bw-Anlagen häufig ein geschäftiges Treiben. Am frühen Morgen des 13. April 1976 hat die 044 209 den Ng 63242 von Herzberg nach Ottbergen gebracht und ist zum Restaurieren ins Bw gerollt. Vor der Weiterfahrt in den Gleisanlagen des Bahnbetriebswerk lässt sie einen kurzen, dumpfen Warnpfiff ertönen. Diese stimmungsvolle Gegenlichtaufnahme wurde in dem Moment ausgelöst, als der Meister die Dampfpfeife betätigte.

Diese klassische Ansicht des Bahnbetriebswerkes Ottbergen entstand am 3. August 1975. Die in der tief stehenden Nachmittagssonne auf ihren nächsten Einsatz wartende 044 195 wird dabei von dem markanten Wasserturm überragt. Heute sucht man nach diesem Bauwerk vergeblich, denn der Turm wurde bereits im Juni 1978 abgetragen.
Aufnahme: Ulrich Winterhoff

Am 5. April 1976 präsentierte sich die 044 678 bei schönstem morgendlichen Sonnenlicht im Bw Ottbergen. Wie man sieht, hat die – im Übrigen noch recht saubere Maschine – bereits ihre Kohlenvorräte ergänzt und der Meister befindet sich, ausgerüstet mit dem obligatorischen Hammer als eines der wichtigsten Requisiten bei der Dampflokwartung, gerade auf seinem Kontrollgang um die Maschine. Auf die Funktionsüberprüfung der Luftpumpe scheint er im Augenblick besonderen Wert zu legen.

Die von Frost, Eis und Schnee begleitete Winterzeit stellte schon seit jeher erhöhte Anforderungen an Mensch und Maschine. Sowohl für die Lokmannschaften als auch für die Schuppenmänner eines Bahnbetriebswerkes waren die Arbeitsbedingungen im Winter besonders ungünstig. Hier eine Ende Februar 1976 im Bw Ottbergen fotografierte Stimmungsaufnahme, welche die 044 149 zeigt, die gerade für ihre nächste Fahrt versorgt wird. Bei sehr strengem Frost mussten – wie hier zu sehen – im Bereich der Wasserkräne Koksfeuer in Stahlkörben unterhalten werden, um das Einfrieren der Wasserentnahmestellen zu verhindern. Aufnahmen wie diese vermitteln recht anschaulich den frostigen Winterdienst bei der Bahn.
Aufnahme: Hilmar Glinski

Zur Dampflokzeit war der Bahnhof Herzberg am Südrand des Harzes ein bedeutender Bahnknoten, der auch eine Lokstation besaß, die dem Bw Northeim unterstand. Die Lokbehandlungsanlagen dieser kleinen Bw-Außenstelle bestanden aus einer einfachen Bekohlung mit Kränen und Kohlehunten, zwei Schlackengruben und zwei Wasserkränen. Das Bekohlen der Maschinen war schwere körperliche Arbeit, denn die Betriebsarbeiter mussten die Kohle aus den offenen Güterwagen direkt in die Kohlehunte schaufeln, die dann auf Feldbahngleisen per Hand zu den Kränen geschoben wurden. Am 22. Juli 1975 herrschte wieder einmal

Hochbetrieb auf dem Gelände dieser kleinen Einsatzstelle. Die 051 397 des Bw Lehrte (mit Kabinentender) und die Ottbergener 044 566 standen einträglich nebeneinander. Hier wird der Tender der 051 397 gerade mit dem alten elektrischen Kohlenkran mit neuem Brennstoff versorgt. An der 044 566 befindet sich vorn am Zughaken eine Zug-schlussscheibe, was auf eine erst kürzlich absolvierte Lz-Fahrt mit Tender voraus hindeutet. Auf diesem Foto sind die unterschiedlichen Kesseldimensionen dieser beiden wichtigsten Güterzugdampfloktypen der DB deutlich zu erkennen.

Das Herz eines jeden Eisenbahnfreundes schlug unweigerlich höher, wenn er zum ersten Mal die anachronistisch
anmutenden und tatsächlich noch aus dem späten 19. Jahr-
hundert stammenden Lokbehandlungsanlagen des Lokbahn-
hofes Herzberg erblickte. Auf diesen beiden Aufnahmen werden
Lokomotiven der Baureihe 044 mit frischer Kohle versorgt.
Zu diesem Zweck standen der Einsatzstelle zwei Bekoh-
lungskräne zur Verfügung. Dabei musste der ältere rein
mechanisch per Hand bewegt und bedient werden, während
der mit einem überdachten Holzgehäuse umkleidete, etwas
neuere Kran immerhin schon einen elektrischen Antrieb
besaß. Auf dem linken Bild befindet sich der mechanische
Kran im Einsatz, während unten mit dem elektrischen Gerät
operiert wird. In beiden Fällen ist der Schuppenarbeiter
bemüht, den Hunt in die richtige Kippposition zu dirigieren,
ohne dabei in Gefahr zu geraten, allzu viel Kohlen daneben
zu schütten. Derweil ist der Heizer der 044 damit beschäftigt, die entstehende Staubbildung beim Bekohlungsvorgang
mit Hilfe eines Wasserschlauches zu reduzieren. Beide Aufnahmen entstanden im August 1975.

Das im westlichen Ruhrgebiet gelegene Bahnbetriebswerk Oberhausen-Osterfeld Süd war ein reines Güterzug-Bw, das bereits im April 1940 die ersten fabrikneuen Lokomotiven der Baureihe 50 zugeteilt bekam. Diese im Gegensatz zu der Baureihe 44 etwas leichteren Maschinen bildeten das Rückgrat im Güterverkehr der RBD Essen, zu der auch dieses Bw gehörte. Obwohl die schnell fortschreitende Elektrifizierung die Einsatzbereiche der Dampflokomotive auch im Ruhrgebiet zunehmend einschränkte, war das Bw Osterfeld Süd bis Anfang der 1970er-Jahre davon kaum berührt. Im Gegenteil, der Lokbestand dieser stark frequentierten Dienststelle stieg eher noch an. Hochbetrieb herrschte auch am 28. Februar 1975, als gleich mehrere Maschinen – es handelte sich um die in Osterfeld beheimateten Lokomotiven 053 164 und 050 692 – auf den Fortgang der Lokbehandlungsarbeiten zu warten hatten. In Stoßzeiten war die Zahl der hereinkommenden Maschinen oft so groß, dass es vor den einzelnen Behandlungsstationen zu Wartezeiten kommen konnte. Die Osterfelder Anlagen bestanden aus zwei parallel verlaufenden Kanalgleisen mit drei dazwischenliegenden Wasserkränen. Mit ihrer Ausmusterung am 30. Oktober 1975 endete für beide Lokomotiven ihre langjährige Laufbahn am Schienenstrang.

Vor dem Kanal in Osterfeld wartete am 28. Februar 1975 die 051 225 mit geöffneten Zylinderhähnen. Schon bald wird auch sie zum Ausschlacken und Löscheziehen an die Reihe kommen. Im Bw Osterfeld entfiel für die Personale das Restaurieren als Abschlussdienst für die Lokpersonale. Nach Eintreffen der Lok im Bw übernahm ein für diese Dienste eingeteilter Osterfelder Lokschlosser die Maschine. Während sich Lokführer und Heizer beim Lokleiter zurückmeldeten, brachte dieser nun die Maschine zu den Lokbehandlungsanlagen, wo sich die Betriebsarbeiter der Lok annahmen. Die Personale wird diese Arbeitserleichterung bestimmt gefreut haben. Im Vordergrund sind das Windleitblech, der Umlauf und der linke Zylinder der 044 404 zu sehen.

Löscheziehen bei der 051 225: Hier verrichtet ein türkischer Schuppenarbeiter diese unbeliebte Tätigkeit und schaufelt die noch heißen Verbrennungsrückstände aus der Rauchkammer in die Löschegrube.

Lokomotiven der Baureihe 50 bei der Bekohlung im Bw Dortmund Rbf am 11. September 1968. Links ist die am 14. Juni 1973 z-gestellte und am 28. März 1974 ausgemusterte 50 2410 zu sehen, während daneben 50 1808 zu erkennen ist. Das Bw Dortmund Rbf war schon seit jeher ein sehr bedeutendes Güterzug-Bw im Osten des Ruhrgebiets, wo neben meist 30 bis 40 Maschinen der Baureihe 50 auch 55er und 94er für Rangier- und Übergabedienste stationiert waren. Sie fuhren zum Zeitpunkt der Aufnahme noch zahlreiche Personenzugleistungen zwischen Dortmund, Unna, Hamm und Soest. Darüber hinaus wurden Güterzüge im gesamten nördlichen Ruhrgebiet mit 50ern bespannt. Teilweise kamen diese Maschinen im Westen auch bis Duisburg-Wedau und Hohenbudberg. Am 1. Januar 1972 war der Bestand dieser Baureihe auf 20 Lokomotiven abgesunken und die letzten 15 Exemplare wurden zum Fahrplanwechsel am 1. Juni 1972 komplett nach Wanne-Eickel umstationiert. Dortmund war seitdem nur noch Einsatz-Bw für die 50er aus Wanne-Eickel. Aufnahme: Wolf-Dietmar Loos

Während der Herzberger Schuppenarbeiter am 2. Mai 1975 die Rauchkammersäuberung bei der 052 180 abgeschlossen hat und nun die Vorreiber der Rauchkammertür mit Hammerschlägen wieder verschließt, ist ein Kollege mit dem Nässen der im Gleisbereich liegenden Verbrennungsrückstände beschäftigt. Aufnahme: Ulrich Winterhoff

22. Juli 1975: Ein Lok-heizer versorgt mit der Ölspritze die Teile der Steuerung mit neuem Öl. Diese Nachschauarbeiten, bei der sämtliche Schmier-stellen der Maschine wie Achslager, Gleitbahnen und viele andere Teile mehr abgeölt werden mussten, waren nach jeder größeren Fahrt fällig.

last des Verkehrsgeschehens, insbesondere des Nachschubverkehrs an die Fronten. Nach 1945 waren bei der Bundesbahn noch mehr als 1000 Stück erhalten. Man fand diese Lokomotiven überwiegend vor Nahgüter- und Übergabezügen sowie im Rangierdienst am Ablaufberg großer Güterzugknoten und Rangierbahnhöfe. Bis zum 31. Dezember 1969 hatte sich der Bestand der nun als Baureihe 055 bezeichneten Lokomotiven auf 24 Fahrzeuge reduziert. Eigentümlicherweise waren die Maschinen damals nur noch in Bahnbetriebswerken der BD Köln anzutreffen. Die Bw Gremberg, Hohenbudberg und Neuss waren die letzten Dienststellen, welche die Baureihe 055 beheimateten. Am 21. Dezember 1972 schied die letzte Lok aus dem Einsatzdienst. Im Frühjahr 1970 steht 055 455 in Gremberg neben dem bereits fast arbeitslosen Schnellzugrenner 003 220.

Die preußische Gattung G 8^1, von der Deutschen Reichsbahn später als Baureihe 55^{25} eingereiht, entstand in den Jahren von 1913 bis 1921 in der gewaltigen Stückzahl von fast 5000 Einheiten. Diese solide und sehr robuste Güterzuglokomotive hatte vier Kuppelachsen und trug in beiden Weltkriegen zusammen mit der Preußischen G 10 die Haupt-

Insgesamt 520 Exemplare beschaffte die Deutsche Reichsbahn ab 1928 von der Personenzugtenderlok der Baureihe 64. Immerhin noch 278 Exemplare dieser leichten Maschine mit 90 km/h Höchstgeschwindigkeit gelangten zur DB. Zum Jahresanfang 1970 waren noch 41 davon übrig geblieben, die sich auf fünf verschiedene Bw südlich der Main-Linie verteilten. 1974 wurden die letzten Loks beim Bw Weiden ausgemustert, mit denen zum Schluss noch ein Nahgüterzugpaar nach Vohenstrauss bedient wurde. Dieses im Sommer des Jahres 1971 entstandene Foto zeigt die auf weitere Einsätze wartenden Lokomotiven 064 496 und 050 406 vor dem rußgeschwärzten Schuppen der Bw-Außenstelle Lauda.

Das schöne Portrait der mit einem Schneeräumer ausgerüsteten 086 809 gelang am 3. Juni 1973 vor dem Verwaltungsgebäude des Bw Hof. Diese eigentlich bereits am 24. März 1973 z-gestellte Maschine wurde speziell für die Tagung des Bundesverbands Deutscher Eisenbahnfreunde äußerlich aufgearbeitet und bespannte im Rahmen dieser Veranstaltung mehrere Sonderzüge. Am Tag der Aufnahme beförderte sie einen Zug von Hof über Selbitz, Naila, Helmbrechts und Münchberg wieder zurück nach Hof. Das Schicksal der z-Stellung ereilte diese Lokomotive nunmehr endgültig am 27. Oktober 1973, worauf die Ausmusterung am 6. März 1974 folgte. Noch im gleichen Jahr erlosch das Feuer unter dem Kessel der letzten 086 beim Bw Schwandorf.
Aufnahme: Helmut Dahlhaus

Besonders reizvolle Stimmungsaufnahmen konnten mit Hilfe eines Stativs bei nächtlichen Bw-Besuchen mit der Kamera eingefangen werden. Ganz anders als am Tage, wirkten die nur spärlich beleuchteten Dampflokomotiven manchmal fast gespenstisch auf den Betrachter. So auch in der Nacht zum 1. Juni 1974, als im Bw Rheine die nur schwachen Neonlampen in Verbindung mit der Triebwerksbeleuchtung Räder, Kuppelstangen und den rechten Zylinder einer Lok der Baureihe 044 in ein stimmungsvolles Licht tauchten. Rechts oben am Bildrand säuselt das Sicherheitsventil vor sich hin.

Von den zwischen 1913 und 1924 von der Preußischen Staatsbahn in ansehnlichen Stückzahlen beschafften Güterzugtenderlokomotiven der Gattung T 16[1] waren zum Ende des Jahres 1969 noch 58 Stück bei der Bundesbahn übriggeblieben. Im schweren Rangierdienst waren diese starken Maschinen auf lange Zeit unverzichtbar. Am 23. März 1970 leistete die 094 138 am Ablaufberg des Rangierbahnhofs Wanne-Eickel Verschubarbeiten. Dieses Bw hatte die Lokomotive am 20. August 1969 vom Bw Aschaffenburg übernommen. Die seinerzeit in Wanne-Eickel noch stationierten vier 94er wurden zwar nur noch aushilfsweise, in der Praxis aber doch recht häufig im örtlichen Rangierbahnhof, im Güterbahnhof Gelsenkirchen Hbf sowie für Übergaben oder Fahrten mit dem Hilfsgerätewagen eingesetzt. Die 094 138 wurde am 21. Februar 1972 z-gestellt und am 18. April des gleichen Jahres ausgemustert. Die letzte 094 war im Zuge der Ölkrise seit Dezember 1973 zur Einsparung von Dieselkraftstoff über mehrere Wochen an das Mannesmann-Hüttenwerk in Duisburg-Huckingen vermietet. Zum Jahresende 1974 musste aber auch sie Abschied von der Schiene nehmen.

Die schwere Güterzuglokomotive 044 381 zieht am 2. August 1975 scheinbar spielerisch ihren Durchgangsgüterzug, den über 1200 t schweren Dg 53842 langsam bergan. Aber das Bild täuscht, denn die Hitze des Tages sorgte dafür, dass der Abdampf der Lokomotive nicht kondensierte und daher äußerlich kaum wahrgenommen werden konnte. In Wirklichkeit verlangten Steigung und Zuggewicht der Maschine und dem Personal alle Reserven ab, damit die schwere Fuhre in Fahrt blieb. Die Beförderung eines solchen Güterzuges auf dem fast kontinuierlich mit etwa 1:90 ansteigenden, rund 30 Kilometer langen Abschnitt von Ottbergen bis Altenbeken war für eine Dampflok alles andere als eine leichte Aufgabe. Einige Augenblicke später wird die 044 381 mit einem tiefheulenden Warnpfiff in der dunklen Röhre des 245 m langen Reelsener Tunnels verschwinden.

Tonnen, Kraft und Kilometer

Der Dampfbetrieb mit Güterzügen

Zu Beginn des Jahres 1970 waren die Bemühungen der Deutschen Bundesbahn, ihren Lokomotiven das Rauchen abzugewöhnen, schon sehr weit fortgeschritten. Zu Tausenden waren die Dampflokomotiven in den letzten zehn Jahren ausgemustert und verschrottet worden. Darunter selbst viele Maschinen, die erst wenige Jahre zuvor neu beschafft oder mit neuen Kesseln ausgerüstet worden waren. Viele davon mussten noch mit erheblichen Restbuchwerten im Anlagevermögen bilanziert werden. Trotz allem erbrachten die noch eingesetzten DB-Dampflokomotiven immerhin noch 9,2 % der jährlichen Triebfahrzeugkilometer dieser Bahnverwaltung. Auf den meisten Hauptstrecken hatte insbesondere die elektrische Konkurrenz die Dampflokomotive allerdings weitgehend verdrängt. Vor allem im Reisezugdienst war der Strukturwandel sehr weit fortgeschritten, denn nur noch 4 % der Triebfahrzeugleistungen wurden in diesem Bereich von Dampfloks erbracht. Fast nur noch in einigen inselartigen Reservaten und Randgebieten spielte sich der verbliebene, kaum noch nennenswerte Dampfbetrieb vor Reisezügen ab.

Um einiges günstiger sah es für die Dampflokomotiven im Güterzugdienst aus. Hinzu kam, dass Ende der 1960er-Jahre in der Bundesrepublik ein rasanter wirtschaftlicher Aufschwung einsetzte. Die gute Auftragslage der Wirtschaft hatte auch für die DB einen starken Verkehrsaufschwung und eine erhebliche Zunahme der Betriebsleistungen zur Folge. Plötzlich und völlig unerwartet, standen jetzt zu wenig Lokomotiven zur Verfügung. Das betraf vor allem den Güterverkehr. Der Bundesbahn blieb als einzig mögliche Alternative nur übrig, den Fehlbestand durch Dampflokomotiven zu decken. So musste die Dampflok kurz vor ihrem unausweichlichen Ende noch einmal als Retter in der Not in die Bresche springen. Widerwillig sah sich die DB veranlasst, bereits seit Jahren abgestellte Maschinen wieder zu reaktivieren und dem Unterhaltungsbestand wieder zuzuführen. Der Traktionswechsel wurde deutlich gebremst, was die gesamte Ablösung der Dampflokomotive – sehr zum Leidwesen der Bundesbahn-Chefetagen, die bereits ungeduldig darauf gewartet hatte, sich dieser »alten rußigen Kästen« schnellstmöglich entledigen zu können – um Jahre verzögerte. Allein bis 1970 hatte die DB einen Zugang von fast 250 Dampflokomotiven zu verzeichnen. 1969 waren die Ausmusterungen von Triebfahrzeugen mit 472 gegenüber 752 – dies waren natürlich überwiegend Dampflokomotiven – erheblich unter denen des Vorjahres geblieben. Umfasste der Dampflok-Unterhaltungsbestand im Jahr 1968 nur noch 1421 Maschinen, so stieg dieser bis zum Oktober 1969 auf 1550 und bis zum Juni 1970 noch um weitere 105 Loks auf 1655 Fahrzeuge. Im Güterzugdienst wurden statistisch gesehen immer noch 17,6 % der Triebfahrzeug-Kilometer von Dampflokomotiven erbracht, während die Bruttotonnen-Kilometer, also die Gütertransportleistungen, bei 13,3 % lagen.

Diese verhältnismäßig hohen Werte kamen nicht von ungefähr. Es gab noch eine ganze Reihe nicht elektrifizierter, oftmals steigungsreicher Hauptstrecken, auf denen auch in der ersten Hälfte der 1970er-Jahre die Bundesbahn noch nicht auf die Dienste der Dampfloks verzichten konnte. In Ermangelung von leistungsstarken Dieselloks in ausreichender Zahl gab es für die Dampftraktion damals keine tragfähige Alternative. Insgesamt bleibt festzuhalten, dass sich im Gegensatz zu den leichteren Dampfloktypen die schweren Schlepptendermaschinen Ende der 1960er-Jahre in ungleich größeren Stückzahlen im Bestand befanden. Von den 57 Bahnbetriebswerken, bei denen zum Stichtag des 31. Dezember 1969 noch Dampfloks stationiert waren, verfügten allein 17 über Lokomotiven der Baureihen 044 mit 267 Einheiten und sogar 49 über die aufgrund ihres geringen Achs-

drucks universell einsetzbaren 050 – 053 mit 908 Lokomotiven. Hinzu kamen die ölgefeuerten und hoch belastbaren Lokomotivbaureihen 042 mit 36 Stück und 043 mit 30 Exemplaren. Neben den hauptsächlich zur Beförderung der schweren Erzzüge im Emsland eingesetzten ölgefeuerten Maschinen der Baureihe 043 kam den kohlegefeuerten Loks der Baureihe 044 allein schon stückzahlmäßig eine besondere Bedeutung zu. Als »Königin der Mittelgebirge« oder »Jumbos« wurden diese leistungsstarken Maschinen häufig voller Bewunderung bezeichnet, denn im schweren Einsatz auf den noch nicht vom Fahrdraht überzogenen Hauptstrecken des Mittelgebirges, waren diese Lokomotiven praktisch unentbehrlich. So lag bis zum Ende des Winterfahrplans 1975/76 ein großer Teil der hochwertigen Güterzugleistungen und vieler Sonderleistungen im gesamten Raum Südhannover in der Hand dieser Baureihe. Vor allem auf der steigungsreichen ehemaligen Ost-West-Magistrale von Altenbeken über Ottbergen, Uslar, Northeim nach Herzberg, erlangte die 044 zum Ende des Dampfbetriebs nicht nur unter Eisenbahnfreunden eine große Berühmtheit. Der von Herzberg ausgehende grenzüberschreitende Verkehr nach Ellrich in der DDR wurde hingegen überwiegend von Lokomotiven der Reihe 050 – 053 erledigt. Die 44er wurden nicht nur von Ottbergener Personalen, sondern auch von den Dienststellen Altenbeken, Northeim, Hildesheim, Goslar, Braunschweig, Lehrte und Seelze eingesetzt. Die Wendebahnhöfe waren teilweise noch viel weiter gesteckt – ein Zeichen dafür, wie weit die Maschinen damals noch herum kamen. Mit dem Ablauf des Winterfahrplans 1975/76 ging diese ganze Herrlichkeit zu Ende. Weitere Zentren des schweren Güterzugbetriebs mit Dampflokomotiven war neben der Moselstrecke zwischen Koblenz und Ehrang vor allem das Ruhrgebiet. Mit diesem fast zu einer riesigen Großstadt zusammengewachsenen, komplexen Industrierevier war die Dampflokomotive untrennbar eingebunden. Obwohl ein großer Teil der Strecken dieser Region mittlerweile auch hier elektrifiziert waren, konnte die DB noch bis Mitte 1977 vor allem im schweren Güterzugdienst auf den fast schon anachronistischen Dampfbetrieb nicht verzichten. Hinzu kam, dass ein großer Teil der Zechenanschlussbahnen keine Fahrleitung besaßen und deshalb nur von Dampflokomotiven bedient werden konnten. Fast bis zum gleichen Zeitpunkt waren die Bahnbetriebswerke Duisburg-Wedau, Oberhausen-Osterfeld Süd, Wanne-Eickel, Hamm und Gelsenkirchen-Bismarck noch fest in der Hand der Dampftraktion. Die schweren dreizylindrigen Jumbos der Baureihe 044 und die allgegenwärtigen, leichteren 050 – 053 waren damals im gesamten Revier vor Kohle-, Koks- und Erzzügen, ebenso wie vor Nahgüterzügen und Übergabeleistungen vertreten. Nach Übernahme der letzten drei Jumbos des Bw Ehrang, konnte der Bismarcker Lokleiter am 15. Januar 1974 auf exakt 63 Maschinen in seinen Unterlagen verweisen. Das war der höchste jemals erreichte Bestand dieser Baureihe. Von diesen Maschinen waren 52 im Einsatz, davon aber nur 17 in festen Umlaufplänen. Ein größerer Teil der nicht planmäßig verwendeten Lokomotiven fuhren im Programm- und Zechenverkehr mit besonderen Verkehrstagen, in dem sich der Fahrplan nach den oft über Monate hinweg konstanten Abfuhrprogrammen vieler Bergwerke, Kokereien und Stahlwerke richtete. Weitere Maschinen standen als Reserveloks unter Dampf. Über sie verfügte die Zugleitungsbereitschaft für die zahlreich anfallenden Sonderleistungen.

Nachdem am 26. August 1976 die letzten beiden 044 aus Ottbergen im Bw Gelsenkirchen-Bismarck eingetroffen waren, war dieses Bw nun die letzte Heimat dieser Baureihe bei der DB. Mit dem Eintreffen von Dieselloks der Baureihe 216 konnten bis Ende Mai 1977 die letzten noch im Betriebsdienst verbliebenen Bismarcker Dampfrösser komplett ersetzt werden. Die Planeinsätze der wenigen, zuletzt noch im Bw Duisburg-Wedau stationierten Lokomotiven der Baureihe 050 – 053 hatten bereits einige Monate zuvor geendet. Bleibt noch zu erwähnen, dass der endgültig letzte Einsatz einer DB-Dampflokomotive von der ölgefeuerten 043 903 des Bw Emden am 26. Oktober 1977 erbracht wurde.

»Volles Rohr!« – Scheinanfahrt mit der 044 508 vor ihrem Fotogüterzug im Bw-Bereich von Gelsenkirchen-Bismarck am 26. März 1977. Die anwesenden Fotografen kosteten die hier gebotenen nicht alltäglichen Möglichkeiten voll aus, denn leider sollte ein derartiges Spektakel in aller Kürze der Vergangenheit angehören. In welchem Keller mögen die damals entstandenen offiziellen DB-Aufnahmen heute wohl lagern, wenn sie nicht schon zwischenzeitlich von jemanden entsorgt wurden? Aufnahme: Hilmar Glinski

Diese beiden Aufnahmen entstanden an der von Oberhausen-West in südliche Richtung nach Duisburg-Wedau führenden Güterhauptbahn in der Nähe des Abzweigs Ruhrtal. Oben befährt die Schürzenlok 044 093 im Oktober 1972 mit einem Ganzzug diesen Abschnitt, während unten die 044 527 im April 1971 mit einem Gdg in Richtung Mannesmann-Werke, Duisburg-Hüttenheim im Bereich der Obermeidericherstraße unterwegs ist. Die 044 093 wurde bereits am 12. Januar 1973 z-gestellt und am 1. Mai 1973 schließlich ausgemustert. Die 044 527, die ehemalige 44 1527, hingegen stand bis zu ihrer Ausmusterung am 31. Juli 1975 im Einsatz. Aufnahmen: Wilhelm Schulz

Die am 1. Juli 1975 vom Bw Weiden nach Gelsenkirchen-Bismarck umgesetzte Lokomotive 044 654 donnert bereits am Nachmittag des gleichen Tages als Lz unter einer schwarzen über die von Oberhausen-West nach Duisburg-Wedau führende Ruhrtal-Güterbahn. Das Bw Bismarck stellte die Maschine am 10. August 1976 ab. Etwa sechs Wochen später folgte der Ausmusterungsbescheid.

Mit einer sehr fotogenen Dampfwolke befördert die 044 508 an einem strahlend-schönen Vorfrühlingstag (31. März 1977) den aus vierachsigen Flachwagen bestehenden Gag 58737. Der Zug hat gerade die Westausfahrt des Güter- und Rangierbahnhofs Oberhausen-West passiert und befährt die Ruhrtalbahn in südliche Richtung. Dieses dynamische Foto entstand kaum zwei Monate vor dem Dampfende im Ruhrgebiet. Links im Bild ein typisches nach dem Krieg erbautes Mehrfamilienhaus dieser Region.
Aufnahme: Egon Pempelforth

Für die Beförderung der schweren Kokszüge von der am Rangierbahnhof Castrop-Süd gelegenen Kokerei »Erin« waren regelmäßig 44er des Bw Gelsenkirchen-Bismarck notwendig. Noch bis zum Schluss – wie hier am 17. Mai 1977 – waren die Maschinen für diese Leistungen unentbehrlich. Hier wartet 044 215, eine ehemalige Hammer Maschine, vor dem für Emden bestimmten Gag 57925, der allerdings nur das kurze Stück bis Herne von der Dampflok gezogen wurde. Dieser Zug verließ Castrop-Süd werktags planmäßig um 15.25 Uhr und erreichte Herne bereits nach zwölf Minuten um 15.37 Uhr. Von Herne bis Rheine ging es weiter mit einer Ellok der BR 140 und in Rheine wurde erneut auf eine Dampflok, auf eine ölgefeuerte 44er (ab 1968: BR 043) bis Emden, umgespannt!

Irgendwann im Laufe des Sommers 1977 war aber auch das vorbei, denn zum Winterfahrplan 1977/78 war das Ende für die allerletzten DB-Dampfloks auf der Emslandstrecke gekommen. Während auf dem linken Bild die mit Farbe für die bevorstehenden Abschiedsfahrten aufgefrischte Maschine auf die Ausfahrt wartet, vertreiben sich Lokführer Wansing und Heizer Frenser auf dem gegenüberliegenden Bild mit einem Schwätzchen und einem Zigarrenstumpen die Zeit bis der Signalflügel endlich in die Höhe klappt. Zumindest die auf dem Bild sichtbare Kohle ist von zweifelhafter »Blumenerde«-Qualität. Die Computerlokschilder der Maschine waren vermutlich schon in den Besitz von Eisenbahnfreunden übergegangen.
Aufnahmen: Günter Gradlowski

Der Gleisanschluss vom Zechenbahnhof »Hugo« in Richtung Rangierbahnhof Gelsenkirchen-Bismarck wies eine kurze, dafür aber umso stärkere und sich über Weichenstraßen schlängelnde Steigung auf, die selbst den mächtigen 44ern alle Kraft abverlangte und deren Geschwindigkeit auf die eines Fußgängers reduzierte. Hier befindet sich der von der vierspurigen Straßenbrücke verbotenerweise fotografierte werktäglich von »Hugo« nach Rotterdam verkehrende Kohlezug Gdg 47192 mit seiner 044 442 in voller Kraftentfaltung mitten in der Steigung in Richtung Bismarck /Wanne-Eickel. Für diesen Programmzug war 14.54 Uhr als planmäßige Abfahrtzeit angegeben; die Ankunft in Wanne sollte um 15.20 Uhr sein. Häufig benötigten die 44er für diesen Zug vom Zechenanschluss bis Gelsenkirchen-Bismarck nur zwölf Minuten. Die Zuglok rollte dann häufig Lz nach Castrop-Süd, um dort den Gdg 47284, einen für Luxemburg bestimmten Kohleganzzug bis Duisburg-Wedau zu übernehmen.

Aufnahme: Egon Pempelforth

Eine kerzengerade Rauch- und Dampfwolke stieg aus dem Kamin in die Höhe, als sich die 044 481 am 31. Januar 1977 im Schritttempo mit dem für Rotterdam bestimmten Gdg 47192 durch die Weichenstraßen des Zechenanschlussbahnhof »Hugo« in Richtung Gelsenkirchen-Bismarck kämpfte. Bei dieser geringen Geschwindigkeit war jeder einzelne Auspuffschlag der Dreizylindermaschine überdeutlich zu hören. Die 044 481 gehörte mit zu den letzten 44ern, die am 26. Mai 1977 im Bw Bismarck ausgemustert wurden. Aufnahme: Egon Pempelforth

Mit der Rheinpromenade und mit Blick auf die Rheinbrücke Duisburg-Hochfeld, über die das Streckengleis von Duisburg nach Krefeld führt, eröffnet sich das geradezu klassische Motiv für den regelmäßig mehr als 2000 t schweren Gdg 58000. Der Kohleganzzug hat gerade die Anlagen des Rangierbahnhof Hochfeld-Süd durchfahren und erreichte nach einer engen Linkskurve diesen markanten Fotopunkt. Die Zuglok am 28. April 1977 war die Bismarcker 044 556. Nachdem der Fotograf den Zug bereits am Abzweig Essen-Gerschede aufgenommen hatte, konnte er ihn mit dem Auto nochmals an dieser Stelle erwischen.
Aufnahme: Egon Pempelforth

Auch noch nach dem Ende der Plandienste für Dampflokomotiven ab Sommerfahrplan 1975 gehörte der werktags am Nachmittag zwischen der Schachtanlage »Hugo« in Castrop-Süd und Duisburg-Ruhrort-Hafen verkehrende Feinkohleganzzug Gag 58220 zu den regelmäßigen Leistungen. Der Zuglauf führte fast ausschließlich über elektrifizierte Strecken und berührte die Bahnhöfe Herne, Wanne-Eickel, Gelsenkirchen, Essen-Altenessen und Bergeborbeck und Oberhausen-West. Da die Fahrtroute nicht immer auf dem Gütergleis verlief, mussten die 44er versuchen, kürzeste Fahrtzeit einzuhalten, um auf dem dichtbelegten Streckengleis den Verkehr nicht zu behindern. Am 13. Juni 1975 war das Ziel erreicht, denn 044 122 erhielt Einfahrt mit zwei Flügeln in den weitläufigen Güterbahnhof Duisburg-Ruhrort-Hafen. Die 044 122 wurde am 26. Januar 1973 vom Bw Hamm nach Gelsenkirchen-Bismarck umstationiert und erst mit der Ausmusterung am 30. Dezember 1976 beendete sie ihre Laufbahn.

Szenenwechsel: Wir befinden uns auf der von Hof nach Regensburg führenden zweigleisigen Hauptbahn, auf der auch die beim Bw Weiden/Oberpfalz stationierten Lokomotiven der Baureihe 044 vor Nah- und Durchgangsgüterzügen eingesetzt wurden. Vor einem kurzen Güterzug rollt die Lokomotive 044 333 am Nachmittag des 10. August 1971 bei km 84,2 auf dem Abschnitt Martinlamitz – Oberkotzau in der Nähe der Ortschaft Fattigau ohne Anstrengung zu Tal. In wenigen Minuten wird der Zug seinen Ziel-

bahnhof Hof erreicht haben. Diese langgestreckte Kurve mit ihrem erhöhten Standpunkt eignete sich – wie im übrigen viele andere entlang dieser landschaftlich sehr reizvollen Linie gelegene Stellen – auch hervorragend für Filmaufnahmen. 044 333 musste am 5. April 1974 ihren Dienst quittieren, wurde z-gestellt und am 24. August 1974 ausgemustert. Im übrigen wurde das Bw Weiden im Dezember 1975 als die letzte der zur BD Nürnberg gehörenden Dienststelle dampffrei.

Güterzüge auf der Strecke von Hof nach Weiden: Oben sehen wir 044 667, die an einem Julitag den Dg 8052 bespannte, auf dem Abschnitt bei Fattigau in Richtung Oberkotzau nahezu rauchlos zu Tal rollen.

Auf dem Bild unten ist eine Lok der Baureihe 50 am Nachmittag des 13. Juli 1972 in der Gegenrichtung vor dem Dg 8087 zwischen Schwingen und Martinlamitz zu beobachten.

Mit dieser Aufnahmen wechseln wir in den Einsatzraum der Baureihe 044 des Raumes Südhannover. Hier befinden wir uns am 9. April 1976 an der östlichen, in Richtung Northeim gelegenen Ausfahrt des Bahnhofs Ottbergen, kurz vor der abendlichen Abfahrt des von Altenbeken kommenden Dg 53853 etwa gegen 18.20 Uhr. Der Heizer hat der an diesem Tage als Zuglok fungierenden 044 389 tüchtig »eingekachelt«. Feuer und Kesseldruck – bis zum Säuseln der Sicherheitsventile – sind nun für die bevorstehende Fahrt nach Herzberg gut vorbereitet. Zur Freude des Fotografen produziert die Maschine eine pechschwarze, kerzengerade in den Himmel steigende, den geröteten Abendhimmel verdunkelnden Qualmwolke, die in einem vortrefflichen Kontrast zu diesem steht. Den in Hamm Rbf zusammengestellten, mit bis zu 1260 t meist gut ausgelasteten Durchgangsgüterzug hatte man in Altenbeken auf Dampflok umgespannt, wo er um 17.32 Uhr planmäßig Ausfahrt erhielt. Nach Ankunft in Ottbergen um 18.04 Uhr ging es um 18.23 Uhr weiter. Die planmäßige Ankunftszeit in Herzberg war 20.48 Uhr.

Tunnel übten auf Eisenbahnfreunde schon immer eine besondere Faszination aus. Vor allem dann, wenn sie sich an einer Dampfstrecke befanden. Auf diesem Bild befindet sich die 044 209 mit ihrem Dg 53842 (Zuglauf Herzberg – Northeim – Ottbergen – Altenbeken) bei der Ausfahrt aus dem Reeslsener Tunnel. In Kürze wird sie ihren Zielbahnhof erreicht haben und den Zug zur Weiterbeförderung an die elektrische Konkurrenz übergeben. Noch ist dies aber nicht der Fall und die Anstrengungen der kaum mehr als Schrittgeschwindigkeit fahrenden Maschine sind auf der 1:90-Steigung deutlich sichtbar. Mit donnerndem Getöse stampft der Jumbo aus dem kurzen Tunnel heraus ans Tageslicht.

Planmäßig bespannten die Zweizylinderlokomotiven der Baureihe 50 die Durchgangsgüterzüge auf dem Streckenabschnitt Herzberg – Walkenried – Ellrich. Am 28. August 1975 aber hatte der von Ellrich in Richtung Walkenried verkehrende Dg 45868, vermutlich wegen Überlast, ausnahmsweise mal eine 44er an der Spitze. Hier verlässt der Zug – pünktlich gegen 13.35 Uhr – mit der 044 390 in schwül-warmer Mittagshitze den dunklen Schlund des 268 m langen Walkenrieder Tunnels. Der besondere Reiz dieser Teleaufnahme liegt zweifellos in der gekonnt eingefangenen Atmosphäre von Licht und Schatten, in der die Maschine die dunklen Tunnelröhre verlässt und im röhrenden Drillingstakt ihren schweren Güterzug die 1 : 111-Steigung hochwuchtet.

Fast am Ziel angelangt hingegen ist die 044 566, die hier am 29. Juli 1975 mit dem Dg 53842 aus Richtung Ottbergen kommend, den 245 m langen Reelsener-Tunnel verlässt. Die warme Witterung lässt vom Abdampf der schwer arbeitenden Lokomotive nur ein Flimmern erkennen. Gegen 17 h wird der Güterzug den Bahnhof Altenbeken planmäßig erreichen.

Vorspannleistungen mit der Baureihe 44 waren auf den von Ottbergen ausgehenden Strecken nicht alltäglich. In den letzten Wochen des Dampfbetriebes dann standen Vorspannleistungen fast täglich an. Seit dem Frühjahr 1976 war die Doppelbespannung für den stets Grenzlast führenden Dg 53842 auf dem Abschnitt zwischen Ottbergen und Altenbeken die Regel, sehr zur Freude der zahlreichen Eisenbahnfotografen, denen hier kurz vor dem Ende ein einmaliges Schauspiel geboten wurde. Mit vereinter Kraft schaffen die 044 195 und die 044 671 am 8. April 1976 ihren schweren Zug mit einer donnernden Geräuschkulisse und mit Schwung über die beachtliche Steigung zwischen Bad Driburg und Reelsen.

Diese Aufnahme, welche die bergan stampfenden Lokomotiven 044 682 und 044 210 auf dem kontinuierlich ansteigenden Steigungsabschnitt zwischen Herste und Bad Driburg mit dem nachmittäglichen Dg 53842 zeigt, ist unschwer auf das Frühjahr 1976 – aufgenommen wurde dieser Zug am 5. April 1976 – zu datieren. Denn nur in den letzten Wochen des Dampfbetriebes wurde dieser fast immer voll ausgelastete Güterzug mit Vorspann gefahren.

Am Nachmittag des 4. August 1975 bestimmte ein klarer Himmel mit hochsommerlichen Temperaturen die Wetterlage. An diesem Tag erklomm die 044 067 – eine der wenigen Lokotiven dieser Baureihe, die noch eine der bei den Eisenbahnfreunden beliebten, geschlossenen Frontschürzen besaßen – mit dem Dg 53842 auf der Fahrt nach Altenbeken den Steigungsabschnitt vor Bad Driburg. Am Regler stand Oberlokführer Günter Nolte, ein alter und bewährter Fahrensmann des Bw Ottbergen, der dem Autor des Öfteren ein inoffizielles Gastrecht auf dem Führerstand seiner Maschine gewährte.

Eine Dampflokomotive auf schwerer Rampenfahrt! Die Worte reichen kaum aus, um die optischen und akustischen Reize der Aufnahmen auf dieser Doppelseite zu beschreiben. Es war noch recht kalt am Morgen des 12. April 1976, als die erst seit dem 15. Januar 1976 vom Bw Emden nach Ottbergen umbeheimatete 044 334 mit dem Nahgüterzug Ng 63242 die in einer engen Rechtskurve liegende starke Steigung vor dem Bahnhof Bad Driburg erklomm. Mit fast 1.260 t Gewicht führte dieser Zug fast Grenzlast und so ist es nicht weiter verwunderlich, dass dessen Geschwindigkeit kaum größer als die eines Fußgängers war. Dieser Nahgüterzug verließ den Bahnhof Herzberg bereits um 3.14 Uhr in der Frühe und erreichte gegen 6.25 h Ottbergen. Dort erfolgte regelmäßig ein Lokwechsel auf eine mit frischen Vorräten versehene Maschine und bis zur Weiterfahrt des Zuges um 6.58 Uhr hatte man regelmäßig noch Waggons angehängt. Wenige Minuten vor der Abfahrt des Zuges in Richtung Altenbeken verließ ein Personenzug den Bahnhof Ottber-

gen in die gleiche Richtung, den der Autor regelmäßig bis Bad Driburg benutzte. Da der Nahgüterzug im Blockabstand folgte, waren im Dauerlauf gut ein Kilometer Distanz zu überwinden, um einen günstigen, im Gegenlicht liegenden Fotopunkt noch rechtzeitig zu erreichen. Schon minutenlang vorher durchdrangen die Geräusche der unter Volllast schwer arbeitenden 44er die morgendliche Ruhe. Kaum war man an der Fotostelle mit hechelnder Zunge eingetroffen, kam der Zug unter einem gewaltigen Pilz aus Rauch und Dampf, der sich vortrefflich in der klaren Luft abzeichnete auch schon um die Kurve ins Blickfeld gefahren und die Lokomotive zog langsam aber stetig mit schmetternden Auspuffschlägen am Bildautor vorbei. Das waren die Momente, die jeden Fotografen die vielen verpassten Gelegenheiten, Hitze, Kälte und frühes Aufstehen vergessen ließen. Mit viel Feingefühl musste der Meister den Regler bedienen, damit die Kuppelräder mit der gewaltigen Last am Zughaken nicht ins Schleudern gerieten.

Als dieses Bild des Dg 53842 mit seiner Lokomotive, der 044 591, am 24. Mai 1976 auf dem langen Damm im Abschnitt zwischen Ottbergen und Hembsen aufgenommen wurde war die letzte Woche des Dampfbetriebes in diesem Raum schon fast angebrochen. Bei einem absoluten frühsommerlichen Traumwetter mit Sonnenschein und weißen Wolken arbeitete sich die Maschine, für die die Bergfahrt nach Altenbeken gerade erst begonnen hat, rabenschwarze Qualmwolken ausstoßend und über dem Zug verteilend, mit dröhnendem Drillingstakt in die beginnende Steigung hinein. Aufnahme: Ulrich Winterhoff

Bis zum Jahr 1984 fungierte der inzwischen abgerissene Bahnhof Wehrden an der Weser als Kreuzungsbahnhof zwischen der Strecke Ottbergen – Northeim, der Sollingbahn und der Bahnstrecke Holzminden – Scherfede. Wenige hundert Meter vom Bahnhof entfernt wurde die Sollingstrecke mit der Weserbrücke über den gleichnamigen Fluss geführt. Diese vor dem Jahr 1878 gebaute, recht ansehnliche Stahlträgerbrücke war entsprechend der großen Bedeutung der Strecke als West-Ost- Rollbahn vor dem Krieg zweigleisig befahrbar. Der Zugverkehr auf dieser Strecke kam am 7. April 1945 endgültig zum Erliegen, als dieses Bauwerk von der Deutschen Wehrmacht auf ihrem Rückzug gesprengt wurde. In Anbetracht des großen Aufwandes und des akuten Stahlmangels wurde der Wiederaufbau zunächst nicht vorgenommen. Erst am 13. Dezember 1948 passierte der erste Zug die allerdings nur noch eingleisig wiederhergestellte Brücke. Hier überquert am 29. April 1976 die 044 462 mit einem für den Truppenübungsplatz Sennelager bestimmten, mit M 48-Kampfpanzern beladenen Militärzug (Dgm) dieses Bauwerk. Wie an den blühenden Sträuchern am rechten Bildrand erkennbar, sind die ersten Vorboten des Frühlings bis ins Tal der Weser vorgedrungen.

Im Abschnitt zwischen Würgassen und Karlshafen verläuft die Strecke in Richtung Northeim an den zum Teil steil abfallenden Hängen des Sollings unmittelbar am Weserufer entlang. Am Nachmittag des 12. April 1976 kurz vor 15 Uhr donnerte die 044 334 mit dem Dg 53849 durch diesen unmittelbar vor Karlshafen gelegenen landschaftlich überaus reizvollen Abschnitt. Das im Hintergrund erkennbare Einfahrtsignal des Bahnhofs Karlshafen zeigt Hp 1, also freie Fahrt für die gemäß Buchfahrplan vorgesehene Höchstgeschwindigkeit von 80 km/h des Güterzuges. Dem schwarzen aus dem Schornstein entweichenden Qualm war es anzusehen, dass der Heizer für die bevorstehende anstrengende Fahrt in den Solling bereits tüchtig Kohle aufgelegt hatte. Der Meister seinerseits versuchte aus dem gleichen Grund, auf dem noch fast ebenen Abschnitt so viel Schwung wie nur möglich zu holen, was wiederum durch die hohe Fahrgeschwindigkeit des Zuges verdeutlicht wird.

Am 29. Juli 1975 war es die 044 390 die hier auf dem Abschnitt zwischen Karlshafen und Bodenfelde, der großen Weserschleife, den Dg 53849 in Richtung Herzberg führte. Die Aufnahme, die diesen durch die herrliche Flusslandschaft fahrenden und endlos langen Güterzug in nahezu seiner ganzen Größe zeigt, entstand vom anderen Flussufer aus am Rande der ebenfalls durch das Wesertal führenden Bundesstraße B 80. Parallel zu diesem Foto entstand auch eine lange und sehenswerte Super-8-mm-Filmszene. Auch auf diesem Bild wird sichtbar, dass die Bahntrasse in einer sicheren Höhe zum Fluss angelegt worden war, denn sehr schnell konnte sich das so friedlich dahinfließende Gewässer bei Schneeschmelze oder starken Regenfällen in einen reißenden Strom verwandeln.

Nach einigen Kilometern verlässt die Bahnstrecke das landschaftlich schöne Tal der Weser und führt auf seinem weiteren Weg nach Osten mit dem 630 m langen Wahmbecker Tunnel unter einem Gebirgsausläufer hindurch in Richtung Bodenfelde. In der in einem Bogen liegenden zwischen 1875 und 1877 gebohrten Tunnelröhre steigt die Strecke in Richtung Bodenfelde mit 1 : 250 zunächst nur schwach an. Die Dampfzüge donnerten hier meist mit »vollem Rohr« hindurch, um für die beginnende Steigung über den Solling ausreichend Fahrt zu haben. Am 18. Mai 1976 war es der morgendliche Dg 53845, der mit der 044 209 hier gegen 6.35 Uhr in voller Fahrt und mit einem gewaltigen Pilz aus Rauch und schneeweißem Dampf aus der östlichen Tunnelausfahrt herausgepresst kam und die Stille durchbrach. Weiße Dampfschwaden wälzten sich aus dem Tunnelportal und es dauerte sicherlich eine ganze Weile, bis diese aus der verräucherten Röhre wieder abgezogen waren.
Aufnahme: Ulrich Winterhoff

Bereits um 5.55 Uhr verließ, nach einem 25-minütigen Aufenthalt, der zwischen Herzberg und Hamm Rbf verkehrende Ng 63242 den Bahnhof Bodenfelde in westliche Richtung. Hier ist dieser lange Zug beim Kilometer 23,8, etwa drei Kilometer außerhalb dieses Bahnhofs in Richtung Karlshafen unterwegs. Die noch kalte Luft des frühen Morgens begünstigte die Dampfentwicklung der Lokomotive und ließ diese sich im Gegenlicht sehr vorteilhaft gegen den klaren Himmel abzeichnen. Diese Aufnahme ist auch ein Indiz dafür, wie früh ein wirklich engagierter Dampflokfotograf schon auf den Beinen sein musste, um zu solchen Bildern zu gelangen. Aufnahme: Ulrich Winterhoff

Ein wenig diesig und kühl war es am Morgen des 22. Mai 1976, als die 044 389 mit dem Dg 53845 eine lange Rechtskurve vor Bodenfelde befuhr. Der Boden erzitterte, als die Maschine mit wirbelnden Stangen und schmetterndem Drillingstakt am Fotografen vorbeidonnerte. Nur eine gute Woche später sollten solche dynamischen Bilder der Vergangenheit angehören. Ein wichtiges und oft vertretenes Ladegut in der West-Ost-Richtung waren die auf den ersten Rungenwagen erkennbaren Stahlrohre, die in der DDR für Pipelines oder ähnliche Zwecke benötigt wurden. Aufnahme: Ulrich Winterhoff

Besteigen wir nun in Gedanken den Führerstand einer 44er: Solche Fahrten boten immer eindrucksvolle Erlebnisse und der Autor ist heute, in der dampflosen Zeit, noch denjenigen Lokpersonalen zu großem Dank verpflichtet, die ihm die vielen Fahrten – fast immer unter Umgehung des Dienstweges – ermöglicht haben. Der 6. Mai 1976 bot dem Fotografen Gelegenheit, bei einem freundlichen Personal auf der 044 180, die den Dg 53842 von Herzberg nach Altenbeken zu ziehen hatte, bis Ottbergen mitzufahren. In der Nähe von Uslar erfolgte an diesem Tag die Begegnung mit dem entgegenkommenden Dg 53849, der von 044 389 geführt wurde. Diese Zugkreuzung wurde vom Heizerplatz des Führerstandes gekonnt im Bilde festgehalten.
Aufnahme: Ulrich Winterhoff

Auf ihrem Weg in Richtung Ottbergen überwand am 21. Mai 1974 die am 9. November 1973 vom Bw Emden nach Ottbergen umbeheimatete 044 326 mit dem Dg 6770 den im Wald zwischen Hardegsen und Ertinghausen befindlichen Steigungsabschnitt. Die damals noch vierstellige Zugnummer wurde – wie nach Beginn des Winterfahrplanes 1974/75 bei der DB allgemein üblich – in 53842 geändert. Der sich durch die engen Kurven windende lange Güterzug wurde in einem günstigen Moment von der gerade voll herausgekommenen Sonne angestrahlt. An diesem Tag gab es immer wieder starke Regenschauer, wie die Pfützen am Wegesrand zeigen. Aufnahme: Ulrich Winterhoff

Fotoaufnahmen aus einer dunklen Tunnelröhre heraus waren recht risikoreich und nicht gerade ungefährlich. Besonders dann, wenn es sich um eine stark befahrene, in einer Kurve liegende Bahnstrecke ohne vorhandene Tunnelnischen handelte, konnte man leicht von einem Gegenzug überrascht werden. Diese Gefahr aber war im Ertinghäuser Tunnel eher als gering anzusehen, denn die dortige Zugdichte war nicht allzu hoch und auch die übrigen negativen Voraussetzungen

waren nicht gegeben. So konnte es der Autor am 16. August 1975 riskieren, den von der 044 456 geführten, aus Richtung Northeim kommenden Dg 53840 von diesem Standpunkt aus aufzunehmen. Gut zu erkennen ist auf diesem Bild die starke Neigung der Bahnstrecke, die hier einen Wert von 1: 96 erreicht. Gleich wird die Einheitslokomotive mit dem markanten, tiefen und weithin hallenden Warnpfiff im Tunnel verschwinden.

Am 18. August 1975 hatte der bei den Eisenbahnfreunden so begehrte Behälterzug Gag 47861 aus Quadrath-Ichendorf, bei Eisenbahnern auch »Ulbrichtzug« oder »Quadratlatschenzug« genannt, seinen wöchentlichen Auftritt. Das war, ähnlich der sporadisch in jedem Frühjahr durch den Südharz nach Osten erfolgenden Düngertransporte, immer ein außergewöhnliches Erlebnis. Der von der 044 389 gezogene 1.400-t-Wagenzug musste wegen seines großen Gewichts bereits ab Northeim, das dieser nach einem fast einstündigem Aufenthalt bereits gegen 5.45 Uhr in der Frühe verließ, von der 052 602 über die bei Hattorf und Auekrug beginnende Rampe bis Herzberg nachgeschoben werden. Die dortige planmäßige Ankunftszeit war 6.26 Uhr. Wegen der üblichen umfangreichen Zollabfertigungsformalitäten ging es erst um 7.55 Uhr weiter in Richtung Ellrich. Hier steht der schwere Behälterzug in seiner ganzen Länge im Bahnhof Herzberg zur Abfahrt bereit. Die 052 602 hat sich wieder an den Schluss des Zuges gesetzt und »kocht« unter einer unübersehbaren kerzengerade in den morgendlichen Himmel steigenden schwarzen Qualmwolke Dampf, um der 044 389 bei ihrer schweren Bergfahrt bis Osterhagen wirksame Unterstützung zu geben.

Hier eine weitere Aufnahme (vgl. auf der gegenüberliegen-den Seite) des am 18. August 1975 gegen 8.20 Uhr von 044 389 mit Schubunterstützung durch 052 602 auf der 1:100-Steigung vor Osterhagen geführten »Ulbricht-zuges« Gag 47861. Die kühle Morgenluft sorgt bei beiden Maschinen für weiße Abdampfwolken. Auf der gegenüber-liegenden Seite ist dieser Zug bereits vor seiner Abfahrt

im Bahnhof Herzberg zu sehen. Anschließend ging es mit einem Auto zu einem erhöhten Fotostandpunkt etwa drei Kilometer unterhalb von Osterhagen, um den Zug, wie hier zu sehen, in seiner ganzen Länge im Bild festzuhalten. Auf diesem Abschnitt befand sich die 1952 aufgelassene Blockstelle Bartolfelde; im Hintergrund ist die gleichnamige Ortschaft zu erkennen.

Im Bahnhof Herzberg übernahmen Dampflokomotiven der Baureihe 050 – 053 die Durchgangsgüterzüge nach Ellrich in die DDR. Diese Baureihe hatte gegenüber der leistungsstärkeren 044 den Vorteil, dass sie auch für die Rückwärtsfahrt, d. h mit Tender voran, mit einer Höchstgeschwindigkeit von 80 km/h zugelassen war. Denn weder in Herzberg noch in Ellrich konnten die Maschinen gedreht werden. Die 050 578 hatte am 25.Juli 1975 gegen 10.50 Uhr mit dem Dg 45867 Ausfahrt aus dem Bahnhof Herzberg erhalten, den sie bis zum Grenzbahnhof Ellrich befördern wird. Dieses Foto entstand von der Überführung der in Richtung Nordhausen führenden Bundesstraße 243. Bald wird der harte und abgehackte Klang der bergwärts fahrenden Zwillingsmaschine auf der Steigung ertönen.

Vollständig in ein Inferno von Schwaden weißen Dampfes und schwarzen Qualms eingehüllt ist die Umgebung des am Ostende des Bahnhofs Herzberg gelegenen Stellwerks, als am Vormittag des neblig-trüben 8. April 1976 die 050 811 das Gebäude bei ihrer Ausfahrt mit dem Dg 45867 in Richtung Ellrich passiert. Der Rottenposten mit dem für die Sicherheit bei Gleisbauarbeiten unerlässlichen pressluftbetriebenen Warnsignalgerät drückt sich scheinbar ein wenig ängstlich an die Außenwand des Stellwerks. Die Maschine muss sich sichtlich anstrengen und sich gegen das Zuggewicht, das bei diesem Durchgangsgüterzug regulär 1.000 t betrug, stemmen, als sie mit nur langsam schneller werdenden Auspuffschlägen Fahrt aufnimmt. Solche beeindruckenden Bilder waren selbst noch wenige Wochen vor dem Dampfende im Südharz möglich.

Harter Winterdienst auf der Rampe zwischen Hattorf und Herzberg: In der Nacht zum 25. März 1976 hatte eine Schneedecke die Vorharzlandschaft vor Frühlingsanbruch nochmals mit ihrer weißen Pracht überzogen. Der Schneefall hatte noch nicht nachgelassen, als sich morgens, ungefähr gegen 8.30 Uhr, der Dg 53835 mit leichter Verspätung der Linkskurve an der früheren Blockstelle Auekrug näherte. An diesem Tag war die 044 334 im Einsatz, die mit ihrem Güterzug in langsamer Fahrt durch die herrliche Winterlandschaft stampfte. Ob sich das Personal dieser Ottbergener Maschine mit der gleichen Hochstimmung an diese Fahrt bei diesem Wetter erinnert, erscheint mehr als zweifelhaft.

Am Morgen des 3. April 1975 hatte der Winter noch einmal Einzug in den Südharz gehalten. An diesem Tag hatte die 052 953 den Dg 45864 auf dem Abschnitt Ellrich – Herzberg übernommen und gegen 10.20 Uhr den in der DDR liegenden Grenzbahnhof verlassen. Etwa zehn Minuten später erfolgte die Durchfahrt dieses heute nicht allzu langen Güterzuges – das Maximalgewicht für von der Baureihe 50 geführten Güterzüge auf dem Abschnitt von Ellrich bis Osterhagen betrug 1.200 t – durch den Bahn-

hof Walkenried. Der sich zwischen den Bahnhöfen Walkenried und Bad Sachsa befindliche Zug wurde inmitten der recht karg gefallenen weißen Pracht kurz vor dem Erreichen des Einschnittes durch den Sachsenstein fotografiert. Die besagte Ostrampe nach Osterhagen ist – im Gegensatz zur von Herzberg aus führenden Steigung – weniger spektakulär. Sie erreicht in diesem Abschnitt lediglich den Wert von 1 : 137, was sich auch in der erhöhten Anhängelast für die Dampflokomotiven niederschlug.

Schauplatz Rangierbahnhof Duisburg-Ruhrort-Hafen an einem klaren Dezembertag 1973: Die Wedauer 051 231 hat vor dem zur Henrichshütte nach Hattingen bestimmten schweren Erzzug Gdg 69821 Ausfahrt erhalten und versucht auf dem etwa einen Kilometer langen noch ebenen Abschnitt genügend Schwung zu holen. Sie wird tatkräftig von der Tender voraus fahrenden Schublok 044 353 des Bw Bismarck unterstützt, die am Schluss des Zuges eine geradezu Furcht erregend schwarze Rauch- und Qualmwolke in den Himmel pustet. An manchen Tagen wurde dieser schwere Zug an Stelle der Schublok mit Vorspann gefahren. Aufnahme: Wilhelm Schulz

Die mit einem 2´2´T 26-Tender ausgerüstete Wedauer 050 276 macht am 20. Mai 1975 kräftig Dampf, um mit ihrem Feinkohleganzzug von Oberhausen-West kommend, den Rangierbahnhof Duisburg-Ruhrort-Hafen zu erreichen. Gerade ist die Maschine im Begriff, die Strecke nach Mülheim-Styrum zu überqueren. Mit der am 30.September 1976 erfolgten Ausmusterung hatte auch diese Lok ihre Pflicht und Schuldigkeit in Diensten der DB getan.

Güterbahnhof Mülheim-Styrum am 13. Mai 1975: Links sehen wir die Tender voraus fahrende 052 681 des Bw Wanne-Eickel vor einem schweren Ganzzug, der mit – hier nicht sichtbaren – Bandeisenrollen, den so genannten Stahl-Coils beladenen war. Die Eisenbahner bezeichneten diese Züge sehr treffend als »Haribo-Express« oder »Rollmops-Zug«. Sie verkehrten von Bochum-Präsident über Essen-Kray Nord, Mülheim-Heißen und Mülheim-Styrum nach Düsseldorf-Reisholz. Rechts wartet die Osterfelder 052 353 als Lz auf ihre Weiterfahrt in Richtung Duisburg-Ruhrort-Hafen. Diese Maschine war am 24. Februar 1975 vom Bw Wanne-Eickel nach Osterfeld gelangt. Nach ihrer Umstationierung nach Wedau wurde sie am 12. April 1976 z-gestellt und am 24. Juni 1976 ausgemustert. Die 052 681 hingegen wurde am 1. Oktober 1975 von Wanne nach Wedau abgegeben und am 25. März 1976 ausgemustert.

An einem schönen Oktobertag des Jahres 1973 hat der für die Henrichshütte in Hattingen bestimmte und mit der 052 610 (Bw Oberhausen-Osterfeld Süd) und einer Bismarcker 44er bespannte Erzzug Gdg 69821 Ausfahrt aus dem Rangierbahnhof Duisburg-Ruhrort-Hafen erhalten. Der Zuglauf ging über das Ferngleis bei Oberhausen-West nach Essen-Frintrop, Essen-Dellwig, Essen-Borbeck, Essen Hbf, Essen-Steele Süd und Bochum-Dahlhausen nach Hattingen. Gleich wird der Erzzug am Befehlsturm-Stellwerk (BT) des Rangierbahnhofs vorbeidonnern. Die 052 610 wurde am 9. Juni 1975 noch nach Wedau umstationiert, kam aber dort kaum noch in Fahrt. Nach der z-Stellung am 25. Juli 1975 war bereits am 28. August 1975 die aktive Dienstzeit dieser Maschine abgelaufen. Auch in der bereits 1854 gegründeten Henrichshütte, eines einstmals mit mehr als 10.000 Arbeitern sehr bedeutenden Eisenhüttenwerks des Ruhrgebiets, wurde 1987 der letzte Hochofen ausgeblasen. Aufnahme: Wilhelm Schulz

Eine Kabinentenderlok der Baureihe 50 überquert unter einer kerzengeraden Rauch- und Qualmwolke vor einem schweren Zug mit Stahlbrammen im Mai 1975 auf ihrer Fahrt von Oberhausen-West in Richtung Duisburg-Wedau kurz vor der Abfahrt Duisburg-Meidereich die Autobahn A 3. Diese Autobahn war infolge des damals im Vergleich zum heute weitaus geringeren Verkehrsaufkommens erst zweispurig ausgebaut.

Am 19. September 1975 verlässt die Osterfelder 052 545 unter einer schwarzen Abdampf-Wolke und mit geöffneten Zylinderventilen den noch nicht elektrifizierten Rangierbahnhof Duisburg-Hochfeld. Auf dem Damm ist die mit Fahrleitung überzogene Hauptstrecke Duisburg–Krefeld zu sehen. Das klotzige Stellwerk mit seiner guten Rundumsicht ist in einer rhombenartigen Bauweise konstruiert. Die Maschine wurde – mit vielen anderen Osterfelder 50ern – bereits am 1. Oktober 1975 nach Duisburg-Wedau umbeheimatet, dort allerdings bis zur z-Stellung am 27. Oktober nur noch selten eingesetzt. Mit der Ausmusterung am 30. Dezember 1975 folgte schließlich ihr unvermeidliches Ende.

Neben der kohlegefeuerten 044 war es vor allem die ölgefeuerte Bauvariante 043, auf welche die DB im schweren Hauptbahndienst auch Ende der 1960er-Jahre noch keinesfalls verzichten konnte. Nach der Umstationierung der im Bw Kassel vorhandenen Maschinen waren seit Mitte 1973 sämtliche 26 noch in Betrieb befindlichen Lokomotiven dieser Baureihe im Bw Rheine beheimatet. Diese weiterhin voll im Unterhaltungsbestand befindlichen Loks wurden – zusammen mit den im Bw Emden stationierten 044 – hauptsächlich vor schweren Ganzzügen in der Erzabfuhr zwischen Emden und Rheine eingesetzt. Die durchschnittlichen Laufkilometer der pro Tag im Planbedarf benötigten Maschinen war seit 1970 sogar noch beständig gestiegen und erreichte im Winterfahrplan 1974/75 bei 15 eingesetzten Loks den überaus beachtlichen Wert von 546 Kilometern. Eine Lokomotive der Reihe 043 war es auch, die am 26. Oktober 1977 die allerletzte Leistung einer DB-Dampflok erbrachte. Auf diesem Bild nähert sich die 043 681 mit ihrem 2000-t-Erzzug Gdg 57538 am 8. Februar 1975 unter einem prächtigen Rauch- und Dampfpilz in der Nähe des zwischen den Bahnhöfen Elbergen und Leschede befindlichen Schrankenposten 227 dem Fotografen.

Schauplatz Bahnhof Elbergen am 25. Februar 1974. Die Sonne war an diesem frostig-kalten Morgen gerade aufgegangen, als sich ein aus Richtung Rheine kommender, von einer ölgefeuerten 043 geführter 1500-t-Erzleerpark der dem Bahnhof Elbergen vorgelagerten, gleichnamigen Blockstelle näherte. Unmittelbar nördlich des Bahnhofs begann der eingleisige Streckenabschnitt am Dortmund-Ems- Kanal des Blocks Hanekenfähr. Da der Dampfzug einen aus der Gegenrichtung kommenden Dieseltriebwagen 624 zunächst passieren lassen musste, kam der aus 50 Fad-Selbstentladewaggons bestehende Leerzug vor dem Signal zum Halten. In den wenigen Minuten bis zur Weiterfahrt des Zuges hatte der Bildautor gerade noch Zeit, zur Lokomotive zu laufen und den Lokführer um eine möglichst kräftige Anfahrt zu bitten. Diesem Wunsch kam der Meister – wie hier dokumentiert – auch gerne nach. Während der Führerstand in einem Inferno von Rauch und Dampf verschwindet, stößt die Lok eine beeindruckende Ölqualmwolke in den morgendlichen Himmel.

Zu den Hauptattraktionen der zahlreichen Eisenbahnfreunde aber auch zu den herausragendsten Leistungen des dampfgeführten Güterverkehrs auf der Emslandstrecke zählten zweifelsohne die 4000-t-Erzüge. Diese aus 50 Fad-Waggons bestehenden Ganzzüge wurden stets in Doppeltraktion zumeist von zwei 043, aber auch in Kombination mit einer 044 oder 042 befördert. Von diesen Zügen rollten – je nach Abfuhrmenge – täglich bis zu fünf Stück von Emden nach Rheine, wo sie von zwei Elloks der Reihe 140 in Richtung Saarland weiterbefördert wurden. Am 25. November 1975 steht der vormittägliche Gdg 52912 mit den Lokomotiven 043 087 und 043 326 nach erfolgter Bremsprobe gegen 10 h abfahrbereit in Emden Rbf, um seine schwere Last in Richtung Rheine zu ziehen. Zuvor aber hatte der Meister an der Rauchkammertür der Vorspannmaschine 043 087 ein hoffentlich nur kleines technisches Problem zu beseitigen.

Der seit dem Winterfahrplan 1972/73 zwischen Hof und Bamberg planmäßig mit zwei Lokomotiven der Baureihe 001 gefahrene E 658 »Frankenland« war sozusagen der Starzug dieser Strecke. Dieser mit meist zehn vierachsigen Reisezugwagen recht schwere Eilzug musste auf den hügeligen Abschnitten bis zum Bahnhof Neuenmarkt-Wirsberg gemäß Buchfahrplan immer stramm mit 80 – 95 km/h gefahren werden, denn sonst konnte die Fahrzeit nicht gehalten werden. Am 10. März 1973 ist der Zug in dem genannten Bahnhof zu einem kurzen Halt zum Stehen gekommen.

An diesem Tag kamen die Neubaukessellok 001 131 als Vorspannmaschine sowie 001 088 mit Altbaukessel der Bauart Wagner als Zuglok zum Einsatz. Die vordere Maschine kocht Dampf für die Weiterfahrt in Richtung Bamberg, denn auf diesem flachen Abschnitt wurden Geschwindigkeiten von bis zu 120 km/h gefahren. Gleich wird der Abfahrauftrag durch den Aufsichtbeamten erfolgen und die Maschinen werden sich mit ihrem schweren Zug gemeinsam tüchtig ins Zeug legen – vor mehr als drei Jahrzehnten war das noch eine alltägliche Szene.

Tempo, Ruß und heißes Öl

Die Dampflok im Reisezugdienst

Zu Beginn der 1970er-Jahre ließ sich nur noch auf ganz wenigen DB-Bahnhöfen ein reges Treiben von Dampflokomotiven beobachten. Denn im Gegensatz zum Güterverkehr waren die Dampfloks im Reisezugdienst bereits ungleich stärker von den modernen Traktionen verdrängt worden. Besonders offenkundig wurde der Strukturwandel, wenn man die Veränderungen im Planbedarf der Schnellzugdampflokomotiven betrachtet. Wurden 1959 noch 306 Loks pro Tag benötigt, war der Bedarf zehn Jahre später auf nur noch 53 Maschinen gesunken. Im Verhältnis ziemlich ähnlich gestaltete sich der Bedarfsrückgang auch bei den Dampfloks des üblichen Reisezugdienstes. 1969 leisteten Dampfloks nur noch ganze 0,6 % der jährlichen Triebfahrzeugkilometer im Schnellzugdienst, während die Dampftraktion bei den übrigen Reisezügen mit 3,4 % vertreten war.

Unerreichte Spitze, was die Bündelung dampfgeführter Reisezüge anbelangte, war der Bahnhof Hof. Denn nirgendwo sonst konnten im DB-

Bereich selbst in den frühen 1970er-Jahren noch so viele dampfgeführte Reisezugleistungen beobachtet werden. Das gleichnamige Bahnbetriebswerk setzte – mit Ausnahme einiger weniger vom Bw Ehrang bis zum Sommer 1972 eingesetzter Maschinen – die letzten noch im Dienst vorhandenen Schnellzugdampfloks der Baureihe 001 planmäßig ein. Zusammen mit den im Personenzugdienst verwendeten Loks der Baureihe 050 – 053 kam der Bahnhof Hof auf eine Betriebsamkeit, bei der man sich um rund zehn Jahr zurückversetzt wähnte. Die Baureihe 001 bespannte praktisch alle hochwertigeren, über die berühmte Steilrampe namens »Schiefe Ebene« geführten Reisezugleistungen auf der Strecke nach Bamberg. Täglich erklommen 001 mit Eil- und Schnellzügen aus Bamberg die 25-Promille-Rampe – und dies, obwohl diese Baureihe ab sechs Wagen generell einer Schublok bedurfte. Besondere Bedeutung hatten die über den innerdeutschen Grenzübergang Gutenfürst geleiteten, bis zum Sommerfahrplan 1967 von DR-Dampfloks der Baureihe 22 geführten Interzonenzüge. Hinzu kamen Züge nach Weiden sowie einige wenige Langläufe nach Regensburg und Nürnberg, die aber alsbald gestrichen wurden. Für fast alle übrigen Reisezüge auf den Strecken nach Bamberg und Weiden war die Baureihe 050 – 053 zuständig.

Die Planeinsätze der Baureihe 001 endeten fast alle zu Beginn des Sommerfahrplans 1973. Für die letzten vier während dieser Fahrplanperiode beim Bw Hof noch als Reserve vorgehaltenen Lokomotiven 001 008, 111, 150 und 173 – im übrigen alles Maschinen mit Altbaukessel – wurde wegen Knappheit an Regensburger Dieselloks der Baureihe 218, die eigentlich alle Dampfleistungen komplett hätte übernehmen sollen, ab 3. Juni 1973 letztmalig eine eintägiger Umlaufplan eingerichtet. Dieser umfasste jeweils die Hin- und Rückfahrt eines Personenzuges nach Regensburg. 001 150 erbrachte am 29. September 1973 vor dem Personenzug P 3228 von Regensburg nach Hof die letzten Planleistung dieser Baureihe bei der DB. Bis zum Jahresende waren sämtliche Maschinen bereits z-gestellt und ausgemustert. Den in Hof weiterhin beheimateten Maschinen 050 – 053 blieb noch eine kurze Gnadenfrist vergönnt. Sechs Maschinen leisteten seither immerhin einen täglichen Durchschnitt von 312 Kilometern. Am 1. Februar 1975 wurden die letzten Lokomotiven an das Bw Lehrte abgegeben.

Kaum noch nennenswert waren die Einsätze der leichten Schnellzuglok-Baureihe 003, deren wenige Exemplare fast nur noch vom Bw Ulm eingesetzt wurden. Bis 1972 fuhren sie nach Crailsheim und an den Bodensee nach Friedrichshafen. Ähnlich erging es den rostgefeuerten 01[10]ern – sie waren bei der DB ab 1968 als Baureihe 011 eingereiht –, deren wenige noch einsatzfähigen

Exemplare beim Bw Rheine stationiert waren. Sie kamen hauptsächlich im Saisonverkehr zur Nordseeküste oder vor Personenzügen zum Einsatz. Weil die DB keinen Ersatz für die ausscheidenden Emdener 023 stellen konnte, retteten sich die letzten Maschinen sogar noch bis in das Jahr 1973 hinüber. Ganz anders hingegen verhielt es sich mit der ölgefeuerten Baureihe 012, die auf einigen Strecken im Norden Deutschlands noch ziemlich unentbehrlich waren. Nachdem mit der Elektrifizierung der Rollbahn Osnabrück – Hamburg ihre letzte Domäne im schweren Hauptbahndienst zum Winterfahrplan 1968 verloren gegangen war, wurden die verbliebenen Exemplare den Betriebswerken Rheine und Hamburg-Altona zugeteilt. Besonders auf der langen Strecke der nach Westerland/Sylt führenden Marschbahn konnten die rasanten Maschinen bis zum Beginn des Winterfahrplans 1972/73 in knappen Fahrplänen vor schweren Schnellzügen noch einmal zeigen, wie leistungsstark sie wirklich waren. Diese Dienste waren die letzten wirklich hochwertigen Dampfzugleistungen der DB, da man noch keine Dieselloks besaß, die die leistungsstarken Ölmaschinen ersetzen konnten, denn die Dieselloks 221 waren im Schwarzwald nach wie vor unabkömmlich. Anschließend wurden die übrig gebliebenen Loks beim Bw Rheine für den Einsatz auf der Emslandstrecke Münster – Norddeich zusammengezogen wurden. Ihr letzter Einsatzraum war hinsichtlich der Zuggewichte und des wenig anspruchsvollen Streckenprofils eher unspektakulär, obwohl die ölgefeuerten Lokomotiven hier fast eine Monopolstellung im Reiseverkehr besaßen. Doch stand aus der naheliegenden Raffinerie Wintershall bei Lingen preiswertes Heizöl zur Verfügung, sodass dementsprechend das Bw Rheine zu einer Hochburg für ölgefeuerte Dampflokomotiven werden konnte. Dies galt selbstverständlich auch für die Baureihen 042 und 043. Am 1. Juni 1975 lösten Oldenburger 221 die letzten sechs 012 vor Eil- und D-Zügen ab. Bleibt zum Schluss noch über die Personenzug-Baureihen 023 und 038 zu berichten. Die zwischen 1950 und 1959 in 105 Exemplaren an die DB gelieferten 023 waren ursprünglich als Ersatz für die überalterte Baureihe 038 (preußische P 8) vorgesehen. Ende der 1960er-Jahre wurden die Maschinen hauptsächlich von den Bahnbetriebswerken Saarbrücken, Kaiserlautern und vor allem Crailsheim eingesetzt. Die moderneren 023 überlebten die alten Preußinnen nur kurz, denn zum Schluss wurde bei anstehenden Fristen auf das Alter einer Dampflokomotive kaum noch Rücksicht genommen. Mit Ablauf des Sommerfahrplans 1975 gab das Bw Crailsheim auch den zum Schluss beibehaltenen dreitätigen Umlaufplan mit Einsatzschwerpunkt Lauda auf. Größte Popularität erlangte die BD Stuttgart als letztes Rückzugsgebiet der preußischen P 8 und T 18. Schließlich bildeten ab Frühjahr 1974 drei vom Bw Freudenstadt eingesetzte Preußenloks eine einmalige Attraktion. Bis Ende September 1974 teilte man sich mit einigen 050 – 053 die verbliebenen Leistungen im Großraum Horb. Erst am 30. Dezember 1974 leistete die 038 772 vom Bw Rottweil ihren allerletzten Planeinsatz vor einem Personenzug bei der DB.

Richtig zur Sache ging es an einem sonnigen September-tag des Jahres 1972 auf der Schiefen Ebene: Mit Hilfe einer 211 am Schluss des Zuges wuchtet die 001 131 in der S-Kurve bei km 80,0 den von Nürnberg nach Hof fahren-den D 853 mit seinen sechs vierachsigen Reisezugwagen die Rampe empor.

Die meisten Eisenbahnfotografen verließen ihr Nachtlager schon in aller Frühe, denn der Fahrplan nahm keine Rücksicht auf das Schlafbedürfnis der Fans. So auch am 9. August 1971, als der P 2801 mit Zuglauf von Neuenmarkt-Wirsberg nach Münchberg mit seiner Lokomotive 052 491 bereits um 5.26 Uhr seinen Ausgangsbahnhof verließ. Hier gelang die Ablichtung des Personenzuges in seiner ganzen Länge vom erhöhten Standpunkt einer Steinbogenbrücke am Fuß der Schiefen Ebene. Damals bespannten Lokomotiven der Baureihe 050 – 053 die meisten Personenzüge in der Hofer Region.

Am 14. Mai 1970 hatte der Autor Gelegenheit, im Führerstand der neubekesselten 001 210, der Zuglok des E 1791, mit offizieller Genehmigung der Bundesbahndirektion Regensburg von Neuenmarkt-Wirsberg bis Hof Hbf mitfahren zu dürfen. Der 240-t-Zug wurde zwischen Neuenmarkt-Wirsberg und Marktschorgast von einer 211 – häufig war es auch eine 220 (V 200) des Bw Würzburg – nachgeschoben. Da der Eilzug an diesem Tag etwa 30 Minuten Verspätung hatte, ergab sich die günstige Gelegenheit, den entgegenkommenden, von 001 180 geführten E 1648 noch im Bereich der »Schiefen Ebene« vom Heizerplatz aus aufzunehmen. Planmäßig kreuzten beide Züge normalerweise in der Gegend von Stammbach. Durch die Verspätung des E 1791 aber hatte sich der Gegenzug schon bis zum Gefälle der Steilrampe vorgearbeitet. Die Kreuzung geschah zum Glück in der Linkskurve bei km 79,8, wodurch sich die zu Tal rollende 001 180 mit fast dem gesamten Wagenpark abbilden ließ.

Hier nochmals ein Bild von der Umgebung der Blockstelle Streitmühle, diesmal vom am Hang gelegenen Waldrand aus. Von diesem Punkt hat man einen besonders weiten Blick ins Land. Mit Volldampf schleppte am 2. Januar 1973 die Neubaukessellok 001 211 ihren 24-Achsen-Eilzug E 1863 – ohne die bei dieser Zuglast eigentlich notwendigen Schiebelok! – über die Steilrampe. Konnte keine Schiebelok gestellt werden, lag es allein an der Entscheidung des Lokführer, ob er den Zug allein über den Berg bringen wollte oder nicht. Denn die vorgegebene Grenzlast gründete sich nicht etwa darin, dass die 01 nicht in der Lage gewesen wäre, eine höhere Last zu bewältigen. Von 001 168 ist beispielsweise eine Fahrt mit acht Vierachsern ohne Schubhilfe über die »Schiefe Ebene« nachgewiesen. Der eigentliche Grund bestand darin, dass die Lokomotive bei einem außerplanmäßigen Halt in der Steigung imstande sein musste, den Wagenzug auch ohne fremde Hilfe wieder anfahren zu können. Und gerade diese Fähigkeit war bei der Baureihe 01 aufgrund der drei großen Treibräder beschränkt. War die Lok in einem gutem Zustand, die Überlast nicht zu groß und herrschte trockenes Wetter, nahm ein erfahrener Lokführer dieses Risiko meistens in Kauf. Andernfalls hätte das Warten auf eine Ersatzlok, das Abhängen von Wagen oder ähnliche Maßnahmen unweigerlich eine Fahrtüberschreitung und damit Rückfragen seitens der Oberzugleitung nach sich gezogen. Dieser bürokratische Papierkram war bei den Personalen manchmal mehr gefürchtet als ein erhöhtes Zuggewicht. 001 211 wurde am 21. April 1973 wegen Fristablaufs z-gestellt.

Um die Mittagszeit des 12. August 1972, genau um 12.26 h, hatte der von 001 202 geführte E 1863 aus Tübingen im Bahnhof Neuenmarkt-Wirsberg Ausfahrt erhalten. Bei herrlichstem Sonnenschein donnerte die unter Volldampf arbeitende Altbau-01 mit ihrem Eilzug unter der dreibogigen Steinbrücke hindurch, die durch den schwarzen Qualm der beschleunigenden Lokomotive teilweise verdeckt wird. Der Bau dieser Brücke wurde im Jahr 1892 anlässlich des Bahnhofsumbaus und der dadurch notwendigen Neutrassierung der Strecke im unteren Teil der »Schiefen Ebene« notwendig. Im Hintergrund ist das Einfahrtsignal des Bahnhofs aus Richtung Marktschorgast zu erkennen. Bis zu dem in etwa zwei Kilometer Entfernung beginnenden Waldeinschnitt ist mit 1:58 zunächst eine noch eher mäßige Steigung zu überwinden. Erst im Wald beginnt die eigentliche Steigung von 1:40 auf etwa 5,5 Kilometer Länge.

Am Samstag, dem 2. Juni 1973, verkehrte anlässlich der in diesem Jahr in Hof stattfindenden Tagung des Bundesverbandes Deutscher Eisenbahnfreunde (BDEF) unter den Zugnummern E 23408 und 23409 der völlig ausgebuchte 580 t schwere 14-Wagen-Gesellschafts-Sonderzug »Oberfranken-Express«. Trotz des hohen Zuggewichts wurde dieser zunächst von 001 173 von Hof Hbf über Marktredwitz bis Kirchenlaibach anstandslos befördert. Von dort aus zogen 064 415 und 086 809 den Zug über Bayreuth nach Neuenmarkt-Wirsberg. Zur Fahrt über die Schiefe Ebene übernahmen am Nachmittag des Tages die beiden Altbaukesselmaschinen 001 111 als Vorspann- und 001 173 als Zuglok mit 086 809 als Schiebelok den Zug bis Marktschorgast. Auf diesem Bild sehen wir den überwiegend aus Reichsbahn-Eilzugwagen gebildeten Sonderzug in flotter Fahrt bei km 76 am Fuß der Rampe. Er befindet sich auf dem geraden Abschnitt kurz vor der in den Wald und gleichzeitig in die eigentliche Steigung führenden Rechtskurve. Die Bahnstrecke war damals von unzähligen Eisenbahnfreunden und Schaulustigen umlagert, denn ein jeder wollten noch einmal die Dampfloks erleben.

Einen sehr guten Blick bot die bei km 76,9 über die »Schiefe Ebene« führende Stahlbetonbrücke der Bundesstraße B 303, die in den Jahren 1961/62 errichtet worden war. Im Hintergrund befindet sich die Rechtskurve, bei der die eigentliche Steigung von 1:40 beginnt. Dieser Wert besagt, dass auf 40 m Länge ein Meter Höhe gewonnen werden. Von hier an ging die Fahrgeschwindigkeit der Dampfzüge merklich zurück, was auch für den an einem Apriltag des Jahres 1971 von 001 180 geführten D 853 – trotz Mitwirkung der 211 am Schluss des Zuges – zutraf.

Am 30. April 1972 hat 001 008 gegen 8.55 h mit E 1791 die Linkskurve vor Marktschorgast durchfahren und müht sich über die letzten Steigungsmeter. Unten rollt 001 229 am 29. Juli 1969 mit dem täglich zwischen Hof und Lichtenfels verkehrenden E 532 an der Marktschorgaster Kirche vorbei ins Gefälle in Richtung Neuenmarkt-Wirsberg. Die Zuglok war erst am 8. März 1969 für einige z-gestellte oder verunfallte Maschinen aus dem Bw Braunschweig nach Hof umbeheimatet worden. Neben 001 149 und 001 183 musste damals 001 081 ausgemustert werden. Letztere war am 17. Februar 1969 als Vorspannlok des Regensburger D 145 bei etwa 110 km/h an einem Bahnübergang mit einem Tanklastzug zusammengestoßen, wobei die Maschinenmänner ums Leben kamen. Für 001 229 war Hof die letzte Heimatdienststelle; sie wurde dort am 23. März 1972 z-gestellt. Aufnahme oben: Hans-Jürgen Eggerstedt; unten: Helmut Dahlhaus

Kurze Verschnaufpause im Bahnhof Marktschorgast. Die erst am 17. Juni 1972 vom Bw Ehrang nach Hof umstationierte 001 227 ist am 8. Juni 1972 um 18.35 h mit dem bunt zusammengesetzten P 2850 am Bahnsteig zum Halten gekommen. Während der Zugschaffner offenbar noch ein Schwätzchen mit der Bahnhofsaufsicht hält, wartet das Lokpersonal auf den Abfahrauftrag. Dem um 17.29 h in Hof gestarteten Personenzug stehen jetzt zehn Minuten Talfahrt bis Neuenmarkt-Wirsberg bevor. Der Zuglauf des an jeder

Station haltenden, montags bis freitags als P 2852 bezeichneten und überwiegend dem Berufsverkehr dienenden Zuges ging bis Lichtenfels. Die Ankunftszeit an den Wochenenden war 19.36 h; an den übrigen Wochentagen infolge des verlängerten Aufenthalts in Neuenmarkt-Wirsberg erst um 19.51 h. Das waren bei einer Entfernung von 95 Kilometern wahrlich keine Spitzenzeiten, die aber nicht unbedingt der Dampfbespannung anzulasten waren.
Aufnahme: Hans-Jürgen Eggerstedt

Die letzten von Dampfzügen befahrenen Eisenbahnstrecken in Oberfranken waren überwiegend von großer landschaftlicher Schönheit und voller abwechselungsreicher Fotomotive. Dies traf nicht nur auf die »Schiefe Ebene«, sondern fast auf die gesamte Strecke bis Hof zu. Ein beliebter Fotopunkt war die nicht weit vom Bahnhof Falls entfernte kleine Steinbrücke bei km 84,8. Dort begegnen wir im Mai 1973 dem kurzen, werktäglich verkehrenden Personenzug P 2828,

der mit seiner Kabinentenderlokomotive 052 890 um 14.25 h den Bahnhof Falls in Richtung Marktschorgast verlassen hatte. Auf diesem Bild sind die schwarzen Rußablagerungen an der Brücke, das unverkennbare Zeichen einer Dampfstrecke, auf dem bergwärts führenden Gleis gut auszumachen. Wie schon erwähnt, hatte man das zu Tal führende zweite Gleis, dessen Schotterbett links unter dem ersten Grün noch gut zu erkennen ist, im Sommer 1970 abgebaut.

Der fünf Kilometer von Marktschorgast entfernt in Richtung Hof liegende kleine Bahnhof Falls war ein idyllischer Platz und gleichzeitig Ausgangspunkt einer Stichbahn zu der ebenfalls fünf Kilometer entfernten Ortschaft Gefrees. Diese Strecke wurde im September 1973 wegen der immer stärker schrumpfenden Fahrgastzahlen für den Personenverkehr stillgelegt. Im Juli 1972 hingegen, als gegen 16.30 h die Altbaukessellokomotive 001 202 mit dem von Hof kommenden E 1794 die kleine Station ohne Halt durchfuhr, war die Welt der Eisenbahn zumindest hier noch in Ordnung.

Im Winterfahrplan 1972/73 war die Station Falls regelmäßig Kreuzungsort für den in Richtung Hof fahrenden E 1863 und den aus der Gegenrichtung kommenden D 854. Ursache für diese hinderliche und bei Unpünktlichkeiten zeitraubende Betriebssituation war der eingleisige Betrieb auf diesem Abschnitt, eine Folge des Gleisrückbaus. Für Eisenbahnfreunde hingegen war diese Begegnung jedes Mal ein lohnendes Fotomotiv. In der Regel traf der Eilzug – wie hier mit 001 111 im Dezember 1972 – zuerst ein und musste die Durchfahrt des D-Zuges, der an diesem Tage mit 001 168 bespannt war, abwarten, ehe auch er weiterfahren durfte.

Brütend heiß war es an jenem 21. Juli 1972, als sich der Autor zusammen mit seinem englischen Freund Brian Wright auf Streckenwanderung vom Bahnhof Falls bis nach Stammbach befand. Zuvor aber war noch ein Abstecher ins Dörfchen Falls nötig, um im einzigen Krämerladen des Ortes Verpflegung und vor allem Getränke zu kaufen. Erst dann konnte es losgehen. Obwohl an diesem Tag insgesamt nur wenig mehr als 15 Kilometer zu bewältigen waren, wurde dieser Marsch wegen der schwül-warmen Hitze bald zur Qual. Motivation und Lust an der Dampflokfotografie sanken dementsprechend fast auf den Nullpunkt. In dieser Stimmung wurde etwa um 14.45 h der in Richtung Hof fahrende E 659 »Frankenland« mit der Neubaukessellok 001 131 mehr mechanisch als begeistert abgelichtet. Am Himmel tauchten bereits die ersten Quellwolken auf und kaum dass wir gegen 18 h den Bahnhof Stammbach noch rechtzeitig erreicht hatten, ging ein starkes Gewitter nieder, wie man es nur selten erlebt.

Auf dem oberen Foto dampft 001 111 mit dem E 659 »Frankenland« gegen 14.50 h in dem schon schwächer werdenden Streiflicht des ausgehenden Dezembertages des Jahres 1972 mit etwa 70–80 km/h in der Nähe von Stammbach daher. Die Altbaukessellokomotive befördert ihren Eilzug durch einen der zahlreichen Gleisbögen dieses Streckenabschnitts über einen kleinen Damm und verbreitet frostbedingt eine lange, weiße Dampfwolke über dem Wagenzug. Im Hintergrund ragen die Höhen des zum Teil über 1000 Meter hohen Fichtelgebirges auf. Der gefrorene Boden mit der andeutungsweise vorhandenen Schneedecke lässt die große Kälte des Tages erahnen. Unten hingegen, ist der am gleichen Tag gegen 13.15 h fotografierte D 853 mit seiner Lokomotive 001 168 zu sehen. Diese stimmungsvolle Abbildung entstand auf dem östlich des Bahnhofs Stammbach wieder zweigleisig befahrbaren Abschnitt. In Kürze wird der D-Zug das Ende der sich ab Marktschorgast fortsetzenden Steigung in der Nähe des Dorfes Schödlas erreicht haben und nach Münchberg im Gefälle herunterrollen.

Am 1. Januar 1973, dem ersten Tag des neuen Jahres, musste der E 658 »Frankenland« aufgrund einer Verspätung des von Görlitz kommenden D 146 geteilt werden. Während der von 001 180 gezogene E 658 mit fünf Reisezugwagen planmäßig um 13.13 h in Hof abfuhr, mussten die Reichsbahn-Kurswagen als E 12852 von 001 211 nachgeführt werden. Der Fotograf hatte sich in der Nähe des Brechpunkts bei Schödlas bei km 96,8 postiert. Mit laut hämmernden Auspuffschlägen und herrlich weißer Dampfentwicklung dröhnte die Neubaukessellokomotive mit ihrem Schnellzug am Fotografen vorbei. Der Maschine machten die sieben DR-Wagen auf der Steigung schon ganz schön zu schaffen, sodass sie in recht langsamer Fahrweise daherkam. Die Zuglok 001 211 gehörte zu jenen sechs baugleichen Maschinen mit neuem Hochleistungskessel, die das Jahr 1973 noch erleben durften. Bis auf 001 131 wurden aber sämtliche Lokomotiven – für 001 211 schlug am 21. April 1973 die Schicksalsstunde – noch vor Ende des Winterfahrplans z-gestellt.

Aufnahme: Hans-Jürgen Eggerstedt

An einem bedeckten Morgen in der zweiten Maihälfte des Jahres 1973 hatte 001 131 den E 1648 am Haken, als sie sich mit großem Schwung die bis zu 1 : 95 starke Steigung in Richtung Schödlas hinaufarbeitete. Die beeindruckend schöne Dampf- und Qualmwolke mit dem weißen Abdampf-

häubchen vor dem breiten Schornstein – sie stammte vom Mischvorwärmer – ist geradezu charakteristisch für die Maschinen mit Neubaukessel, die durch ihren dickeren Langkessel und durch den geänderten vorderen Umlauf besonders wuchtig wirkten.

Zweimal E 658 »Frankenland« vor einem beschranktem Wegübergang auf dem Streckenabschnitt zwischen den Bahnhöfen Seulbitz und Münchberg, der für 95 km/h Höchstgeschwindigkeit zugelassen war. Oben begegnet uns der Zug am 9. August 1971, bespannt mit der Neubaukessellok 001 131. An diesem Tag musste der aus der Kurswagengruppe Görlitz–Nürnberg unter Beistellung einiger DB-Wagen gebildete Eilzug (wieder einmal) in zwei Teilen gefahren werden, weil die DR-Kurswagen stark verspätet waren. Der hier gezeigte Zugteil »E 658« wurde in solchen Fällen zur vorgesehenen Abfahrtzeit auf die Reise geschickt, während die nach Nürnberg bestimmte Kurswagengruppe nachgeführt wurde. Das Bild unten zeigt den seit dem Winterfahrplan 1972/73 mit Vorspann gefahrenen Zug am 21. Mai 1973 an derselben Stelle. An diesem Tag hatten 001 008 als Vorspann- und die pechschwarz räuchernde 001 180 als Zuglokomotive die komplette Tour zu fahren. Bei genauerem Vergleich beider Aufnahmen fällt auf, dass die im Sommer 1971 noch vorhandenen Telegrafenfreileitungen mit ihren hölzernen Masten als unverwechselbares Zeichen einstiger Eisenbahn-Kommunikationstechnologie zwei Jahre später verschwunden waren. Aufnahme oben: Helmut Dahlhaus

Der werktags verkehrende P 2805 Lichtenfels – Hof, der hier im Juli 1972 gegen 8.02 h mit seiner Lokomotive 052 817 nach kurzem Halt den Bahnhof Seulbitz in Richtung Hof verlässt, war schon seit 5.57 h unterwegs. Die nahezu unsichtbare Dampfentwicklung beim Beschleunigen der Kabinentenderlok ließ auch für diesen Tag hohe Temperaturen erwarten.

Der P 2852 – an den Wochenenden hieß er P 2850 – war ein typischer langsamer Personenzug mit einem Zuggewicht von rund 300 t, der auch noch zu Beginn der 70er-Jahre aus einem, zumindest aus Sicht der Eisenbahnfreunde, erfreulich abwechslungsreichen Wagenpark zusammengesetzt war. Der mit der Baureihe 01 bespannte Zug verließ Hof um 17.29 h, und da er an jeder Station hielt, erreichte er erst um 19.51 bzw. um 19.36 h an den Wochenenden seinen Zielbahnhof Lichtenfels. An einem ihrer letzten Betriebstage in der zweiten Maihälfte des Jahres 1973 hatte 001 088 den P 2852 am Haken, den sie nach Halt im Bahnhof Seulbitz in Richtung Münchberg beschleunigte. Auf diesem kurz vor 18 h entstandenen Foto hat der Zug gerade das kleine Saale-Viadukt überquert. Das Hauptsignal in der Gegenrichtung zeigt für den in Kürze eintreffenden P 2837, gefahren von einem Schienenbus, freie Fahrt.

Mit vier Reisezugwagen besaß der D 854 nur ein leichtes Zuggewicht. Er verließ Hof Hbf um 12.10 Uhr und traf nach Zwischenhalten in Münchberg, Kulmbach und Lichtenfels um 13.52 Uhr in Bamberg ein. Es war der einzige Schnellzug auf dieser Strecke, der Neuenmarkt-Wirsberg ohne Halt durchfuhr. Im Grunde genommen war ein solcher Zug für die starke 001 ein Kinderspiel und dessen Beförderung schon fast eine Zumutung. Aber im ausgehen-den Dampfzeitalter mussten die Maschinen eben mit den Leistungen vorlieb nehmen, die auf den letzten von ihnen bedienten Strecken anfielen. Hier eilt die Altbaukessellok 001 088 während der Weihnachtsfeiertage des Jahres 1972 gegen 12.20 Uhr mit diesem Zug auf dem Streckenabschnitt zwischen Förbau und Seulbitz dahin. Die frostigen Temperaturen begünstigten die kräftige Dampfentwicklung der Lokomotive.

Am 14. Mai 1970 hatte 001 111 die Aufgabe, den in dieser Fahrplanperiode noch als E 458 bezeichneten »Frankenland« von Hof Hbf nach Bamberg zu befördern. Seine Abfahrtzeit in Hof Hbf war 13.00 h, die Ankunft im 127 Kilometer entfernten Bamberg 14.58 h. Ab Sommerfahrplan 1970 wurde die Zugnummer in E 658 geändert. Hier legt sich die Altbaukesselmaschine mit ihrem Zug bei km 126 in die Kurve. Eisenbahnfreunde, die sich um die Mittagszeit an der südlichen Ausfahrt des Bahnhofs Hof postiert hatten, fühlten sich noch im Jahr 1970, sofern sie diese Zeit überhaupt bewusst erlebt hatten, in die frühen 60er-Jahre zurückversetzt. Innerhalb von zweieinhalb Stunden waren etwa zehn ein- und ausfahrende Dampfzüge zu beobachten, in der Mehrzahl mit 01 bespannte Reisezüge. So oder ähnlich musste der Betrieb noch zehn Jahre zuvor an jedem größeren Bahnhof in der Bundesrepublik ausgesehen haben.

Auch der P 2274, der an Werktagen Hof Hbf um 13.53 h in Richtung Marktredwitz verließ, gehörte zum umfangreichen Mittags-Programm dieses Dampflok-Reservats. Am 14. Mai 1970 donnerte dieser Zug gleich mit zwei Maschinen, den Lokomotiven 050 792 als Vorspann- und 051 057 als Zuglokomotive an der Spitze, am Fotografen in Richtung Hof-Moschendorf vorbei. Rechts im Bild sind Schornstein und ein Teil der Werksanlagen der Vogtländischen Baumwoll-Spinnerei zu erkennen. Der Personenzug benutzte mit seinem umlaufbedingten Leervorspann ab Fattigau die nach Weiden-Regensburg führende Kursbuchstrecke 425 (ab Sommerfahrplan 1970 geändert in KBS 850) und erreichte um 14.36 h seinen Zielbahnhof Marktredwitz.

Noch in den frühen 1960er-Jahren waren die ölgefeuerten Dreizylindermaschinen der Baureihe 01^{10} im Einsatzbestand der DB schier unentbehrlich. Erst der fortschreitende Strukturwandel ließ die rassigen Maschinen in ihren traditionellen Heimatdienststellen überflüssig werden. Im Herbst 1968 verloren sie mit der Rollbahn Osnabrück – Hamburg ihre letzte bedeutende Domäne im Schnellzugdienst der DB. Nach einem nur fünfjährigen Intermezzo im Bw Hamburg-Altona wurden seit dem Winterfahrplan 1972/73 sämtliche verbliebenen Maschinen im Bw Rheine für den Dienst auf der Emslandstrecke zusammengezogen, wo sie zum Sommerfahrplan 1975 schließlich auch ihre Einsätze beendeten. Etwa drei Jahre zuvor entstand etwa drei Kilometer nördlich des Bahnhofs Rheine dieses Foto am sonnigen Nachmittag des 17. Juni 1972. Hier hat die 012 060 mit ihrem verhältnismäßig schweren 44-Achsen-Saisonschnellzug D 1335 etwa 80 km/h erreicht und befindet sich noch in der Beschleunigungsphase. Die Dreizylindermaschine zieht mit dröhnendem Auspuff am Standplatz des Fotografen vorbei. Bereits wenige Tage später, am 22. Juni 1972, wurde die 012 060 z-gestellt.

Der Bahnhof Leer in Ostfriesland gehörte neben Emden zu den wichtigsten Bahnzentren im nördlichen Bereich der Kursbuchstrecke 280, also der Emslandstrecke. Alle dampfgeführten Reisezüge hielten hier und manche der in nördliche Richtung fahrenden Schnellzüge ergänzten während ihres kurzen Aufenthalts sogar ihre Wasservorräte aus dem am Bahnsteig des Gleises 2 befindlichen Wasserkrans mit Gelenkausleger. In früheren Zeiten der langen Lokdurchläufe war das schnelle Wassernehmen am Bahnsteig eine Selbstverständlichkeit, die vor allem im hochwertigen Reisezugdienst häufig vorkam. Im Jahr 1974 war Leer so ziemlich der einzige im Bereich der DB verbliebene Ort, an dem dies – wenn auch nicht regelmäßig – noch praktiziert wurde. Diese Aufnahme vom 3. August 1974 zeigt die um 11 Minuten verspätete Ausfahrt des Saisonschnellzuges D 1731 mit seiner Lokomotive 012 075 in Richtung Emden. Das Foto entstand aus der luftigen Höhe der Aussichtsplattform am neuen Stellwerk an der nördlichen Bahnhofsausfahrt. Der nur mit Genehmigung des Bahnhofsvorstehers betretbare Standort bot einen herrlichen Überblick über das gesamte Gelände und natürlich auch auf die vorüberfahrenden Züge.

Der um 11.06 Uhr täglich ab Norddeich-Mole verkehrende D 734 war bis Rheine dampfbespannt. Von dort aus fuhr er mit einer Ellok der Reihe 110 weiter über Münster, Hagen und Wuppertal bis Köln Hbf. Zusammen mit seinem Gegenzug D 735 war dieser meist aus 10 oder 11 Reisezugwagen bestehende Schnellzug der wichtigste 012-Zug auf der Emslandstrecke. Am 31. März 1974 befindet sich die 012 082 mit dem D 734 nach der Ausfahrt in Lingen um 13.03 Uhr auf der Fahrt in Richtung Rheine in der Nähe der Blockstelle Hanekenfähr. Ölbrenner und Regler sind voll geöffnet, denn der Schnellzug musste unter entsprechender optischer und akustischer Untermalung nach dem Halt wieder in Fahrt gebracht werden.

Zu Beginn der 1970er-Jahre herrschte auf der Moselstrecke noch eine beachtliche Typenvielfalt an Dampflokomotiven. Neben den zahlreichen 044 der Bw Koblenz und Ehrang, welche die Hauptlast des Güterverkehrs trugen, waren neben einigen Ehranger 001 auch mehrere 023 des Bw Saarbrücke im Personenzugdienst eingesetzt. Daneben durfte auch die Baureihe 050 – 053 ein wenig mitmischen. Am

8. Mai 1972 gegen 15.50 Uhr gelang dieses dynamische Bild der mit dem P 2456 auf dem Abschnitt zwischen Wengerohr und Salmrohr in Richtung Trier dahinjagenden 023 103. Vom Bahnhof Wengerohr aus steigt die Strecke mit einem Neigungswinkel von 1:122 bis zum Bahnhof Hetzerath durch die südlichen Eifelausläufer deutlich an, sodass besonders die schweren Güterzüge ganz schön zu arbeiten hatten.

Der Bahnhof Tübingen war im Winterfahrplan des Jahres 1969/70 noch von einem überaus regen Dampfbetrieb mit den Baureihen 038, 050 – 053, 064 und 078 vor Reisezügen geprägt. Besonders in den Zeiten des Berufsverkehrs standen an den in Richtung Horb und Sigmaringen/Balingen führenden Ausfahrgleisen oftmals gleich mehrere Maschinen nebeneinander. Die Hauptattraktionen waren zweifelsohne die noch recht zahlreich vertretenen alten Preußenloks P 8 und T 18. Am 5. Mai 1970 wartet die Mannschaft der noch recht gepflegt wirkenden Lok 038 156 mit dem E 2106 nach Sigmaringen schon ungeduldig auf den Abfahrauftrag.

An dem schönen Frühlingstag des 9. Mai 1970 marschierte der Autor morgens vom Bahnhof Horb zu dem an der Strecke nach Eutingen gelegenen 309 m langen Mühlener-Tunnel, um an dieser Stelle dem Dampfzugverkehr aufzulauern. Gegen Mittag kam der P 4143 aus Richtung Freudenstadt mit seiner Lokomotive 038 626 – es war die ehemalige 38 2626 – aus dem dunklen Tunnelschlund zu Tal gerollt. Heute, nach fast 40 Jahren, bemerkt man erst anhand dieser Fotografie, wie schnell die Zeit vergangen ist.

Bahn-Geschichte(n)

Rudi Hallmann
Der Lokheizer
Dieser Reprint bietet nützliche Ratschläge für das richtige Heizen des Kessel einer Dampflok. Dazu praktische Tipps und theoretische Hintergründe.
128 Seiten, 54 Bilder, 29 Zeichnungen
Bestell-Nr. 71325 € 14,95

Johannes Schwarze
Die Dampflokomotive
Ein Reprint des Klassikers zur Dampfloktechnik aus dem Jahr 1965. Alles über Dampfloks von A bis Z.
964 Seiten, 515 Bilder
Bestell-Nr. 70791 € 50,–

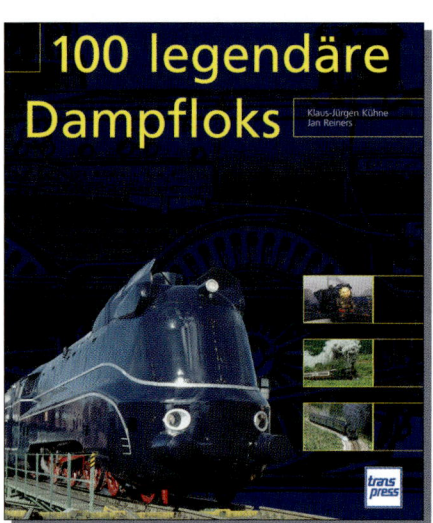

Klaus-Jürgen Kühne/Jan Reiners
100 legendäre Dampfloks
Ausgehend von der ungebrochenen Faszination der Dampflok berichtet dieses Buch über diese dampferzeugenden Monster. Der Reigen reicht vom tschechischen »Albatros« über die polnische »Schöne Helena« bis zum amerikanischen »Big boy« und den bekanntesten Lokomotiven aus Deutschland.
144 Seiten, 154 Bilder, davon 15 in Farbe
Bestell-Nr. 71352 € 24,90

J. Michael Mehltretter
Dampflokomotiven – Am Ende einer Epoche
Wer sich mit historischen Aufnahmen noch einmal in die Zeit begeben will, in der das Anheizen des Dampfkessels bei der deutschen Bahn noch üblich war, der nehme diesen Klassiker zur Hand. Denn diese preiswerte Spezialausgabe ist eine Hommage an die Dampflokomotiven.
256 Seiten, 231 Bilder, dav. 15 in Farbe, früher 35,38
Bestell-Nr. 71260 € 19,90

Jan Reiners
Deutsche Dampflokomotiven im Bild
Welche Leistung hat welche Baureihe, wann wurde sie in Dienst gestellt und auf welchen Strecken? Diese und viele andere Fragen beantwortet dieser Titel. Außerdem enthält jedes Kapitel einen einführenden Abschnitt, der das wichtigste technische Fachwissen vermittelt.
144 Seiten, 124 Bilder, dav. 50 in Farbe, 24 Zeichn.
Bestell-Nr. 71292 € 19,95

IHR VERLAG FÜR EISENBAHN-BÜCHER

Postfach 10 37 43 · 70032 Stuttgart
Telefon (07 11) 21 08 065 · Fax (07 11) 21 08 070
www.paul-pietsch-verlage.de

Stand Januar 2009 –
Änderungen in Preis und Lieferfähigkeit vorbehalten